(지역과 생태를 좋아하는)
우리 같은 사람을 찾아요

불광동친구들 이립과 뉴리 씀

(지역과 생태를 좋아하는) 우리 같은 사람을 찾아요

펴낸날　초판 1쇄 2021년 8월 27일

지은이　불광동친구들 이립과 뉴리
발행인　김남이
발행처　인비트윈 스튜디오

출판등록　제 2021-000234호
주소　서울특별시 마포구 성미산로16길 26-6 101호
대표전화　010-2876-4027
이메일　imtamikim@hanmail.net

ISBN　979-11-975573-0-9 [03300]

가격　8,000원

디자인　김타미
사진　보리(전 불광동친구들), 김지연
일러스트　김사울(사울사물)

(지역과 생태를 좋아하는)

우리 같은
사 람 을
찾 아 요

불광동친구들 이립과 뉴리 씀

[목 차]

6 ················   **들어가며 : 관찰자**

16 ················   **어쩌다 지역**

34 ················   **어쩌다 생태**

56 ················   **어쩌다 정치**

78 ················   **나가며 : 어쩌다 마음**

구산근린공원에서 불광동친구들 © 2021. 김지연

들어가며

우리 같은 사람을 찾아요! '불광동친구들', 우리는 지역과 생태를 가까이 하며 살기 시작한 30대 후반 여자 둘입니다. 저희처럼 지역과 생태를 좋아하는 분, 많이 계시지요? 그런데 주변에서는 아직 그런 분을 만나기가 쉽지 않습니다. 그래서 이렇게 책을 씁니다. 더 많은 친구를 만날 수 있을까 하고요. 이 책을 계기로 지금보다는 더 많은 연결고리를 만들고 싶습니다. 먼저는 또래를 찾고 싶습니다. 물론, 공통 관심사로 연결고리가 생긴다면 나이 정체성같은 건 다음 일이겠죠!? 불광동친구들은 지역과 생태라는 공통 관심사를 중심으로 비슷한 또래, 그리고 서로 다른 정체성으로 살아가는 다양한 사람을 만나고 싶습니다. 그게 이 책을 쓰는 중요한 목적입니다.

이제 지역과 생태를 키워드로 모인 불광동친구들 두 사람, 이립과 뉴리를 소개하겠습니다. 소개 방법으로 '자연이나 생물을 정말 좋아하는 사람 구분법'을 사용하려고 합니다. 이 구분법은 이립의 대학원 동료인 송종원 '곤충덕후'가 재미로 만든 분류입니다. 이 구분법에서 불광동친구들은 '관찰자'에 속합니다.

1) 관찰자 observer

관찰자는 대개 식물 전공자이거나 식물 사진을 찍고, 관찰하는 사람이다. 관찰자는 자연물을 '있는 그대로' 바라보며 그 존재 자체를 사랑한다. 종종 사진이나 영상물로 기록을 하기도 하지만 그 결과물보다 자연 속에 있는 그 순간을 가장 즐긴다.

2) 수집가 collector

수집가는 똥이나 깃털 등 동물의 이것저것을 모으는 사람이다. 관찰자에서 출발해 연구목적으로 이것저것 모으다 변한 경우가 많다. 이들은 아름다운 자연물의 형상에 매료되어 그저 같이 있기보다 소유하고 싶은 마음으로 표본을 수집한다.

3) 브리더 breeder

브리더는 생물을 기르는 사람을 뜻한다. 송종원 곤충덕후가 여기에 속한다. 어떤 생물이 너무 좋은 나머지 계속해서 함께 하고 싶은 마음으로 생물을 기르기 시작한다. 하지만 수집가와는 달리 생물을 죽이거나 표본을 모으지않고, 함께 살아 숨쉬면서 유대를 쌓으려 한다. 생태학 전공자 중에서 브리더를 찾기는 조금 어렵고, 수의사, 농업 종사자 중에서 찾기 쉽다.

잠시 위 구분법의 창시자 송종원 곤충덕후를 소개하겠습니다. 송종원 덕후는 다섯 살 때 처음 브리더의 특성을 보였다고 합니다. 비 내린 오후 하원 하던 어린이 송종원은 흙 밖으로 나와 꼼지락대던 지렁이가 너무 신기하고 좋아서 유치원 가방에 지렁이를 한가득 담아 집으로 갔다고 합니다. 그렇게 송종원은 20여 년을 쭉 곤충덕후로 지내고 있습니다. 덕후로 지내며 얼마나 많고 다양한 덕후를 만났을까요. 그가 이 구분법을 만들었던 건 아마도 생물을 좋아하지만 소유하고자 했던 사람, 지식 배틀을 벌이는 사람을 만나며 문제의식을 품고,그렇다면 자신은 좋아하는 곤충을 어떻게 사랑해야 좋을지 고민이 들어서였을 것으로 추측해 봅니다.

송종원 곤충덕후는 이립과 뉴리가 생태를 사회적인 일

로 바라보는 사람이라서 좋다고 말해주었습니다. 생태뿐 아니라 지역과 관련해서도 마찬가지입니다. 이립과 뉴리는 전공자나 전문가로서가 아니라 생태와 지역을 일상으로 체험하며 이 키워드가 삶의 중심을 잡아준다는 점을 깨닫고 이야기 나눌 상대를 찾아 나선 '관찰자'입니다.

'관찰자' 유형에 속하는 이립과 뉴리의 인연도 잠시 소개하겠습니다. 두 사람은 10대 후반에 만난 20년 지기 친구입니다. 예전부터 같은 지역에 살았던 건 아닙니다. 두 사람이 만난 곳은 하자센터라는 청소년 공간이었습니다. 10대였던 두 사람은 동질성과 경쟁을 강요하는 공교육에 힘들어하고, 문제의식을 느꼈지만 주변에 공감을 얻을 사람이 없어 사는 곳에서 한 시간 이상 거리에 있는 영등포 하자센터를 찾았습니다. 그곳에서 뉴리와 이립은 서로를 편안하게 느끼며 10대를 보냈습니다.

10대에서 벗어나 20대가 된 후로도 두 사람은 비슷한 관심을 보였습니다. 10년도 전인데, 그때에도 우리는 지역과 생태를 말했습니다. 기후변화, 핵발전소, 에너지, 농사를 주제로 대화를 나눴습니다. 하지만 10년 전만 해도 각자에게 '지역'은 손에 잡히지 않는 추상 개념이기만 했습니다. 『마을이 세계를 구한다』던 간디의 말에 깊은 공감을 했지만 정작 내게는 마을이라고 할 수 있는 '지역'이 없었습니다. 그래서 지역이라고 하면, 개발주의 도시에서 벗어나 시골에서 농사를 짓는 생활 터전을 떠올리곤 했습니다.

"너는 지역에 내려가서 살 수 있어? 난 도시가 익숙하니까 그렇게는 못할 거 같아……."

30대 후반, 이제 우리는 '지역'에서 살아갑니다. 이제는 간디가 말하는 마을과 세계를 동심원의 형태로 떠올릴 수 있습니다. 은평을 구심점으로 삼고 서울을, 한국을, 세계를 조금씩 더 큰 원으로 떠올릴 수 있습니다. 구심점을 인식하니 안정감을 느낍니다. 어쩌다 은평으로 이사와 불광천, 북한산, 살림의원, 니은서점, 불광문고, 구산동도서관마을을 경험하며 내가 사는 지역을 좋아하기 시작했습니다. 또 어쩌다 오랜 친구와 이웃해 살며 이 지역을 더 편안하게 느끼며 살아갑니다. 이렇게 살아갈 수 있어 참 감사합니다.

이립과 뉘리가 비슷한 관심사로 모였다지만 그렇다고 각자 몰입하는 분야가 같지는 않습니다. 이립은 대학원에서 도시의 오래된 아파트에 사는 식물을 조사해 석사 졸업 논문을 쓰고, 현재는 조경학 박사과정을 밟고 있습니다. 뉘리는 현재 2021년 은평녹색당 총회 준비위원을 거쳐 운영위원이 되었습니다. 생태 관점의 정치로 지역 문제를 접근해야 한다고 생각하며 아직 여러 면에서 부족하지만 지역에서 풀뿌리 정치 활동을 시작했습니다. 각자의 분야로 보면 '생태'는 이립이, '지역'은 뉴리가 담당한다고 할 수 있습니다.

아, 숨은 이야기가 있습니다. 원래 구성원이 한 명 더 있었습니다. 보리는 미술 작가인데, 최근 '큰' 전시가 잡혀서 바쁘게 지내느라 불광동친구들 활동에서는 빠지기로 했습니다. 작년 코로나19로 모든 전시가 취소되어 심란해하던 친구에게는 아주 좋은 일입니다. 참 역설이지만 코로나19가 아니었다면 불광동친구들은 없었을지 모릅니다. 한 가지에 집중하길 좋아하는 미술작가 친구가 티핑 포인트였는데, 코로나19로 전시가 취소되지 않았더라면 그는 함께하겠다고 하지 않았을 겁니다. 코로나19는 참 무섭지만 불광동친구들이 모일 수 있게 한 중요 계기이기도 합니다. 그리고 점점 더 절실히 깨닫는 건 코로나19에 대응하려면 생태와 지역을 보다 중요하게 다뤄야 한다는 점입니다.

다음 내용에서는 이립과 뉴리가 '지역, 생태, 정치, 마음'을 삶의 주요 키워드로 삼은 과정을 풀어냈습니다. 키워드별로 각자 세 개의 이야기를 메모 형식으로 준비해 대화를 나눈 뒤 뉴리가 글로 정리했습니다. 같은 키워드로 서로 다른 개별의 이야기를 나누면서 각자의 세계가 확장되리라 기대했습니다. 또 개별의 이야기 속에서 비슷한 지점을 발견하며 연결되리라 기대했습니다. 그리고 우리 이야기로 책을 읽는 누군가와 또 연결되길 기대합니다.

어쩌다
지 역

 소제목마다 '어쩌다'를 붙인 건 불광동친구들이 '어쩌다' 지역을 중요하게 여기기 시작했는지를 적으면 독자들도 저마다의 이야기를 꺼내기 좋을 거 같아서입니다. 또 우연처럼 '어쩌다' 보니 그렇게 된 점도 있다는 걸 강조하고 싶기도 했습니다. 순전히는 아닐지라도 은평으로 이주하고, 또 지역 활동을 시작한 건 우연이라고 할 수 있습니다. 생각해 보면 참말로 의지만으로, 의도만으로 되는 일은 없는 것 같습니다. 고개 끄덕이는 당신, 정말 그렇지 않나요?

 먼저, 뉴리의 이야기를 싣습니다. 뉴리가 준비한 <어쩌다 지역>의 세 가지 키워드는 '동심원, 비합리적 신념 : 가난한 동네에는 불행이 깃든다, 어쩌다 은평' 입니다. 이립의 키워드는 '친구들이 사는 동네, 뒷산이 있는 동네, 하이라인의 친구들처럼' 입니다.

불광생물번개 현수막 ©2021. 불광동친구들

뉴리 - 어쩌다 지역

동심원

 2013년이었다. 재일조선인 도쿄경제대 서경식 교수가 NHK 다큐멘터리 <후쿠시마를 걸어서>에서 '동심원'을 설명했던 기억이 난다. 하지만 동심원은 내게 확 와닿는 단어가 아니었다. 그렇다고 중요하지 않은 말이라고 생각하지는 않았다. 묘하게도 불편한 마음으로 동심원을 알고 싶다는 욕구가 일었다.

 동심원의 사전 정의는 "같은 중심을 가지며 반지름이 다른 두 개 이상의 원"이다. 후쿠시마 핵발전소 사고 당시 뉴스 화면에는 연일 이 동심원이 등장했다. 사고 지점에서부터 퍼진 방사능 오염 정도가 이 동심원으로 표기되었던 거다. 서 교수는 이 동심원이 방사능뿐 아니라 공감과 상상력의 원리도 이해할 수 있게 한다고 했다.

 예를 들면, 내가 후쿠시마에서 가까운 거리에 사는 사람이라고 해보자. 그러면 나는 후쿠시마에서 멀리 사는 사람보다는 사고 지역 주민에게 더 깊이 공감할 가능성이 크다. 반면 동심원이 클수록 방사능 오염 정도나 공감 가능성은 줄어든다. 그래서 서 교수는 핵발전소 사고와 같이 인류 전체에 영향을 미치는 문제에 공동으로 대응하려면 공감과 상상하려는 부단한 노력이 필요하다는 메시지를 전했다. 그렇다. 우리 모두는 자기가 사는 지역에 구심점을 찍고, 가까운 일에는 보다 쉽게 참여하고, 먼 일에는 더 큰 노력이 필요한 참여를 하며 살아간다.

그런데 문제는 공감의 출발지라고 할 수 있는 나의 지역이 없다는 점이었다. 혼란스러웠다. 후쿠시마 지역민에게 공감해야 한다는 의무감은 들었지만 나의 지역이 없으니 공감할 수 없는 처지였다. 음……. '나의 지역이 없다?' 이게 도대체 무슨 말일까? 이를 단순 명확하게 이해할 수 있었던 건 10년 정도의 시간이 흐른 후다. 바로 이렇게 <어쩌다 지역>을 쓰면서 정리를 시작했다. '나의 지역이 없다'는 건 실제 자기가 살고 있는 지역이 없다는 말이 아니다. 왜냐하면 우리 모두는 어딘가에서 살아가기에 그렇다. 문제는 심정이다.

심정心情이란 "마음속에 품고 있는 생각이나 감정"을 말한다.

비합리적 신념 : 가난한 동네에는 불행이 깃든다

20년 가까이 한 동네에 살았다. 그런데도 어떻게 나의 지역이 없다는 고정된 생각을 하게 된 걸까? 그건 내 왜곡된 신념 탓이 크다. 어린 시절에 살았던 양천구 신월동은 가난한 동네였고, 그런 가난한 동네에는 불행이 깃든다고 생각했다. 먼저 말하지만 정말이지 그건 틀린 사실이다.

참 무슨 인연인지 모르겠지만 스물아홉, 서른 살 즈음, 나의 고향 신월동에 있는 지역아동센터 어린이를 대상으로 영상 제작을 가르치는 프로젝트를 진행했다. "우리 동네 프로젝트"라는 이름으로 약 1년간 주에 한 번씩 찾아갔다.
영상 제작에 들어가기에 앞서 어린이 각자가 경험한 동네 이야기를 꺼내놓기로 했다. 그랬더니 몇몇 어린이가 할아버지가 할머니를 찔렀다는 칼부림 사건, 시장통에서 벌어졌다는 폭력 사건, 산에서 매일같이 담배를 피우던 아저씨가 산불을 낸 사건을 자조하듯 말했다. 소름이 돋았다. 자조하는 어린이를 보고 있자니 속상하면서도 나와 같은 모습이었기에 소름이 돋았다.

자조하는 어린이에게 신월동에는 더 아름다운 면이 있고, 그래도 동네를 사랑하자고 말하지 않았다. 그냥 어린이의 이야기를 다 듣고, 나온 이야기 중에 몇 개를 선택해 영화로 만들기로 했다. 그렇게 만든 영화의 줄거리는 산불을 낸 담배 아저씨를 쫓아내는 뒷산 동물 이야기와 비행기 소음으로 화가 난 어린이가 돌멩이를 던져 비행기를 맞춰버리는 이야기다. 이 영상은 전국단위로 열린 한 어린이 영상제에서 수상작, 가작으로 선정되는 쾌거를 이뤘다. 그 소식을 듣고 기쁘기도 했지만 다행스러운 마음이 더 먼저 들었던 것 같다.

어린 시절 신월동에서 겪었던 일을 떠올리면 참 끔찍하다. 초등학교 1학년 때 피아노 학원에서 집으로 돌아가던 길이었다. 저 멀리 집 앞 골목에서 바지 지퍼 밖으로 손가락을 내밀고 선 남자 고등학생을 봤다. 왜인지 모르게 겁이 나서 얼음이 되었지만 남자 고등학생 옆으로 아무렇지도 않게 지나가는 여러 어른을 보며 아무 일도 아닐 거라고 주문을 걸었다. 그렇게 그 이후로 성기 노출남 추가 3명 목격, 성추행 여러 차례 경험, 고양이와 쥐 사체 목격 등 여러 끔찍한 경험을 해나갔다. 가난한 동네, 교육받지 못한 부모님이 선택한 이 가난한 동네가 싫었다. 깨닫지 못했지만 오랜 시간 가난이 불행의 원인이라는 생각을 하고 있었다.

합리 정서 행동 치료Rational Emotive Behavioral Therapy를 고안한 심리학자 앨버트 엘리스Albert Ellis는 인간의 정서 문제가 외부 사건에서 비롯된다고 보지 않았다. 고통스러운 사건이 따로 있는 게 아니라 정서 장애에서 고통이 발생한다고 보았다. 다시 말해, 정서는 어떤 사건에서 기인하는 게 아니라 그 사건을 바라보는 자기 신념, 관점, 해석, 평가에 영향을 받는다는 거다. 만약 자기 신념이 합리적이라면 정서 역시 합리적일 수 있지만 자기 신념이 비합리적이라면 정서 장애로 고통을 지속해서 겪을 수 있다.

잘 알지도 못하면서 심리 상담을 자본주의가 만든 상품이라고 생각하던 시기가 꽤나 길었다. 정말 많은 편견 속에 살았다. 그리고 그런 줄도 몰랐다. 그러다가 나 자신을 되돌아보기 시작했던 건 공고했던 나의 세계가 깨지는 경험을 하면서다. 그간의 방식이 무언가 잘못되었는데, 무엇이 어떻게 잘못됐는지 알려면 편견을 마주해야 했다. 고통을 멈추고 싶어서 편견을 계속해서 마주했다. 그 과정에서 심리 상담에 관한 편견도 발견하고, 그 편견을 거둔 후 12회기 상담을 받았다.

상담에서는 질문을 참 많이 받는다. 왜 그렇게 동네를 싫어하는지 질문을 받았는데 막상 답을 하지 못했다. 왜 그런지 한참을 생각하다가 순간, 가난한 동네에 불행이 자리한다고 생각하는 나 자신을 발견했다. '이런 편견쟁이라니!'

자신에게 놀랐다. 내가 동네를 싫어했던 건 끔찍한 사건이 아니라 가난한 동네라서 그런 일이 생긴다는 잘못된 신념 때문이었다. 부자 동네에는 행복만 있냐 하면 그렇지 않다.

어린 시절에 겪었던 안 좋은 일은 가난한 동네에 살아서 생긴 게 아니다. 그리고 중요한 건 어떻게, 왜 그런 일이 일어났는지 보다 먼저 힘든 내 마음을 살피고 토닥여야 한다는 거다. 감정이 그렇게 중요한지 잘 알지 못했다. 그리고 조금씩 감정을 돌보니 전보다는 수월하게 내 안의 편견, 비합리적 신념을 알아차린다. 편견을 내려놓으면 내가 발을 디딘 그 어디에서도 그곳의 특징을 있는 그대로 발견하고 매력을 느낄 수 있다. 그래서 이제는 신월동도, 은평도 다 각각의 매력이 있다는 걸 안다.

어쩌다 은평

꼭 은평이어야만 했던 게 아니다. 어쩌다보니 은평으로 이주했고, 어쩌다보니 인연이 늘고, 은평을 점점 더 좋아하기 시작했다.

은평으로 이주한 계기는 인생 전반의 변화와 연동되었다. 3년 이상 일했던 직장을 박차고 나왔는데 그 타격이 엄청났다. 직장은 곧 나의 공동체였다. 직장에는 진보적인 정치 성향으로 사회를 좋게 만들기 위해 대안을 모색하고자 모인 친구, 동료, 선배, 스승이 있었다. 그게 나의 직장이었고, 공동체였다. 그런데 공동체 내부에 뿌리 깊은 문제가 있다는 걸 직시하자 너무 힘들었다. 존경하는 리더였는데, 그가 우리 공동체를 자기 개인기로만 이끌어가려는 독단적인 사람이라는 걸 받아들이기가 쉽지 않았다. 그리고 나 또한 이를 방조하며 일조한 책임이 있다는 걸 깨닫자 엄청난 죄책감이 들었다. 가해와 피해가 얽히고설켜 엄청난 혼돈 속에서 문제를 제기하고 나왔다. 나를 구성하고 있던 요소 하나하나 그리고 온 세계가 깨지기 시작했다.

백수가 되어 집에 있는 시간이 늘자 독립된 나의 공간이 필요했다. 백수 신세였지만 부모님 집에서 나오기로 했다. 부끄럽지만 독립을 빠르게 추진했던 계기는 신점을 봐준 무당의 말 덕분이었다. 무당이 내게 원하는 답을 해주자 후다닥 집을 구했다. 싸고 넓은 집을 찾는 건 하늘의 별 따기였지만 우연히 은평구 증산동에 정원이 있는 넓은 2층 단독주택 셰어하우스를 알게 되었다. 그 전이라면 모르는 사람이랑 부대끼면서 지내는 걸 원하지 않아 절대 셰어하우스로 들어가지 않았을 테다. 하지만 당시에는 다행히도 새로운 경험에 열린 상태였다.

　　힘든 시기여서 이사 온 은평을 좋아하지 않을 수 없기도 했다. 무슨 말이냐 하면, 이렇게까지 이사를 한 마당에 은평을 좋게 생각하지 않으면 여간 힘든 게 아니었다. 시간을 주체하기 어려운 백수는 남는 시간마다 골목길 여기저기를 다녔다. 이 건축술(?)은 새로워서, 여기 가게는 싸고 맛있는 커피가 있어서, 구립 도서관에서는 토요일 무료 영화제를 진행해서 좋다고 계속 되뇌었다. 정원에서 새를 볼 수 있어 기쁘고, 예전이었다면 말도 섞지 않았을 집 사람들과 대화를 터서 뿌듯했다. 게다가 은평에 먼저 이사 온 친구, 이사오는 친구들이 늘어 더 감사하고 행복했다. 그렇게 은평을 좋아하기 시작했다. 은평이어서 좋았다기보다 내 시선이 변하자 모든 게 좋았다.

이립 - 어쩌다 지역

친구들이 사는 동네

 은평으로 이사 온 건 친구들이 있어서였다. 이 책을 준비하면서 왜 은평을 선택했는지 고심해봤는데, 정말 친구들이 사는 동네여서 은평으로 이사를 왔다.

 은평은 살기 좋은 곳이기도 하다. 구산동에는 시민들이 힘을 모아 만든 지역의료생협이 있다. 이 의원에서는 의사가 환자와 충분한 면담을 하며 환자상태를 살피고 진단을 한다. 불광동에는 성당이 하나 있는데, 알고 보니 건축가 김수근의 생애 마지막 작품이었다. 역촌역에는 독립출판 서적만 파는 서점이 있다. 또 대조동에도 사회학자 노명우 씨가 만든 독립서점이 있다. 그리고 시민들이 협동조합으로 만든 지역 언론이 활발하게 활동하고 있기도 하다.

 그뿐이랴. 북한산도 가까이 있어서 짧은 코스로 등산을 마치고, 혁신파크로 내려와 응암동을 가로질러 불광천까지, 종일 걸으면 지금까지의 삶, 앞으로의 삶을 고뇌할 수 있다. 또 연신내역에서 주택가 안으로 들어가면 언덕 꼭대기에 노출 콘크리트로 지은 구립 도서관이 있다. 벚꽃이 필

때면 불광천을 걷고, 천변에서 놀기 좋은 술집에 갈 수도 있다. 하지만 처음부터 이런 은평의 좋은 장소를 알고, 이사를 했던 건 아니었다.

애초에 이사를 계획했던 이유는 진학한 대학원이 당시에 살던 부모님 집과 너무 멀어서였다. 통학 시간을 고려해서 집을 구하기 시작했는데, 은평이 학교와 그렇게 가까운 지역은 아니었다. 그래도 괜찮았다. 불광동에서 학교까지 편도 40분 정도 거리이지만 이 정도 거리는 돼야 연구실과 집의 경계가 생겨 적당히 균형 잡힌 생활을 할 수 있다고 생각했다. 사실, 아무런 연고도 없는 지역에서 혼자 떨어져 살고 싶지 않았다. 혹시 무슨 일이라도 생기면 주변에 연락할 사람이 있었으면 했다. 마침 친구들 몇몇이 은평에 모여 살고 있었고, 그래서 은평 '불광동'으로 이사 왔다.

불광동이라는 이름은 어딘가 예스러우면서 심상치 않은 분위기를 풍겼다. 이름부터 낯설고 어색한 불광동은 은평 그 어디보다 번잡하고 소란하다. 또 언덕은 왜 그렇게 많은지……. 하지만 먼저 이사 온 친구들이 은평에서 살기 좋은 이야기를 자주 해주었고, 어느새 나도 그렇게 생각하고 있었다. 이제는 은평에서 새로 발견한 것이 있거나 함께 좋아할 만한 게 있으면 서로 이야기를 해준다. 그렇게 알게 된 곳도 많아졌다. 내 머릿속 동네 지도에 계속해서 새로운 장소가 늘어난다.

뒷산이 있는 동네

이사 하던 날, 집 주변을 쭉 스캔한 엄마가 걸어서 2~3분 거리에 뒷산이 하나 있는데, 입구까지 가보니 산책하기 좋겠다고 이야기해주었다. 그러면 뭐 하나, 1년간 가볼 생각도 안 했다. 그런데 지금은 그 뒷산에서 불광동친구들과 주요 활동을 하고 있다. 그 뒷산의 법률에 따른 명칭은 '불광근린공원'이다.

어쩌다 뒷산에 가게 되었는지 잘 기억나지 않는다. 아마도 인생에 고민이 많아 걷다가 불광근린공원에 다다랐던 것 같다. 입구에 들어서니 운동 기구가 보였다. 꽤 많은 사람이 운동 기구에서 열심히 운동을 하고 있었다. 그 운동터를 지나쳐 산으로 들어서면 얼마 지나지 않아 오르막길과 평지로 길이 나뉜다. 그 갈림길에는 "은평구립도서관" 그리고 "독바위역 방향" 표지판이 서 있다. 표지판이 있긴 했지만 처음이라 여기가 얼마나 큰 산인지, 얼마나 걸어야 하는지 몰라 금방 돌아 나왔던 기억이다.

그렇게 첫 시도 이후 뒷산을 자주 찾기 시작했다. 이렇게 가까운 곳에 뒷산이 있는 게 영 신기했다. 차츰 산 이곳저곳을 다녀보니 어느새, 산 전체를 그릴 수 있게 되었다. 뒷산은 30분이면 한 바퀴를 다 돌 수 있는 정도로 작은 산이다. 처음에는 막막했던 산이었는데, 길이 익으니 편안했다. 그래서 2019년 1월 1일에는 정상에 올라 해돋이를 보기도 했다. 동네 뒷산에 해돋이를 보러 오르는 사람이 있을 거란 생각은 하지도 못했다. 그런데 웬걸, 동네 주민들이 삼삼오오 모여 해를 기다리고 있었다. 유명 해돋이 장소에나 가야 볼 수 있는 장면이 동네에서 펼쳐지고 있었다.

그렇게 좋아하는 장소를 하나 더 추가했다.

하이라인의 친구들처럼

불광동친구들을 시작하기 전, 『하이라인 스토리』 책을 읽었다. 하이라인The High Line은 뉴욕 맨해튼에 있는 공원이다. 과거에는 물류 유통 길로 사용하던 2.4km 남짓의 '고가 철로'를 공원으로 탈바꿈한 곳이다. 그래서 공원 이름이 '하이라인'이다. 개발 압력이 높은 맨해튼에서 철거가 아니라 보존, 그것도 공원화가 가능했다니 너무 놀라웠다. 그리고 책의 저자이자 이 운동을 시작한 로버트 해먼드Robert Hammond와 조슈아 데이비드Joshua David, 두 사람도 매우 놀라운 인물이었다.

두 사람은 하이라인이 내다보이는 같은 동네에서 오래 살아 왔지만 아는 사이는 아니었다. 로버트는 여행작가, 조슈아는 사업가로 서로 만날 기회가 없었다. 그렇게 서로 알지도 못한 두 사람은 하이라인을 매개로 만나게 된다. 두 사람은 하이라인이 산업 폐기물이 아니라 산업 유산이기에 보존해야 한다고 생각했다. 하지만 그렇게 생각한다고 해서 누가 알아서 보존해주는 게 아니었다. 그래서 어느 날, 두 사람은 각자 지역 커뮤니티 위원회를 찾아갔다. 우리로 치면 주민자치회라고 할 수 있겠다. 그렇게 두 사람의 인연은 시작되었다.

두 사람은 각자 본업을 유지하며 10년간 하이라인의 공원화를 추진해갔다. 그 과정에서 "하이라인의 친구들Friends of the High Line"이라는 단체도 설립했다. 공원화를 위해선 많은 사람의 연결이 필요했는데, 어느 순간 지역 시민들이 하이라인의 친구들에게 지지를 보내고, 기부를 하기 시작했다. 그렇게 하이라인의 친구들은 정치인, 행정가들과 협상할 수 있는 조건을 조성해갔다. 그리고 지금은 하이라인

친구들이 하이라인 공원을 직접 관리하는 주체가 되었다.

이 책을 읽고 제일 흥분했던 건 두 사람 때문이었다. 두 사람은 시민단체나 조직에 속한 활동가가 아니라 자기 지역에 관심을 보이던 평범한 사람이었다. 그런 사람들이 지역에 변화를 만드는 큰 일을 해냈다. 하이라인을 가까이 두고 살아가니 자꾸 보게 되고, 자꾸 보니까 지속해 생각하며 결국 무언가 하게 된 거다. 나는 불광근린공원, 우리 동네 뒷산을 자꾸 생각한다.

우리 동네 뒷산에는 항상 파워워킹으로 신체 단련을 하며 걸어 다니는 어르신들이 있고, 새해 첫해를 보러 모여드는 주민이 있다. 또 버려진 개와 고양이가 들어와 살고, 존재감을 드러내지는 않지만 숲을 이루고 있는 풀과 나무가 있다. 이렇게 여러 생명이 공생하는 공원에서 할 수 있는 일로 처음 생각한 건 생물 조사였다. 대학원에서 식물 생태를 공부하며 조사 방법을 배웠으니 써먹으면 됐다.

공원에 사는 식물은 뭐가 있는지, 어디에서 어떻게 분포하고 있는지 살펴보면 숲이 얼마나 오래되었는지, 어떤 변화가 있었는지, 지금은 어떤 상태인지 조금은 알 수 있다. 그래서 청년 활동 지원 사업 정보를 찾아보고, 대학원 동기들에게 함께 조사해보자고 제안했다. 하지만 대학원 동기들은 각자 사는 곳이 달랐다. 강동구, 일산 등 뿔뿔이 흩어져 살고 있는데, 불광근린공원까지 오가는 게 쉽지 않았다.

역시 어려운 일이라고 생각하며 동네 친구들을 만나 아쉬움을 토로한 어느 날이었다. 예상치 못한 반응이 나왔다. 두 사람이 같이하자고 손을 들었다. '지역이 중요한 것 같다, 난 우리 동네가 좋다, 공원이랑 도서관도 가까우니까 우리 동네가 숲과 도서관의 마을이 되면 좋겠다'는 말을 이어 하며 미술작가 친구, 정치하는 친구가 대뜸 함께 하자고 했다.

그렇게 조금은 마법같이 불광동친구들을 시작했다. 동네를 좋아하는 우리답게 은평구 마을공동체지원사업에 지원하고, 동네 사람을 초대해 공원에 사는 생물을 탐사하는 활동을 시작했다. 그게 작년 2020년 6월의 일이다. "하이라인의 친구들"에서 영감을 받아 '불광근린공원의 친구들'로 팀 이름을 제안하고, 뉴리가 의견을 더하고, 보리가 동의해 '불광동친구들'이 되었다. 우리는 불광동친구들이다.

어쩌다
생 태

　불광동친구들은 <어쩌다 생태> 공식 대화 모임을 마치고, 뉴리가 먼저 방문해 본 '은평 맥주' 집으로 향했습니다. 은평에서 나고 자란 부부가 하는 맥줏집인데, '은평 맥주'가 참 상큼합니다. 불광동친구들은 맥주 한 잔 마시면서도 '생태'와 관련한 이야기를 이어 했습니다. 서로의 자연 사랑을 다시금 확인하는 시간이었습니다.

　이립이 탐조하러 가곤 하는 경상도의 한 하천과 그 발원지 이야기를 해주었습니다. 참, 다들 발원지를 아시나요? 저 뉴리는 20대 후반에서야 발원지가 뭔지 알았습니다. 20대 후반 영상 작업 아르바이트를 좀 했는데, 그때 이립이 일하던 기후변화행동연구소에서 주관하는 어린이 캠프 영상 기록을 담당했습니다. 한강 발원지 방문이 캠프 프로그램 중 하나였습니다. 그때 발원지를 처음 목격했습니다. 눈 쌓인 강원도 산속 깊은 곳에 작은 샘물이 뽀글뽀글 올라오고 있었습니다. 그 작은 샘물이 바로 한강의 발원지라고 하더라고요! 맙소사! 소오름!

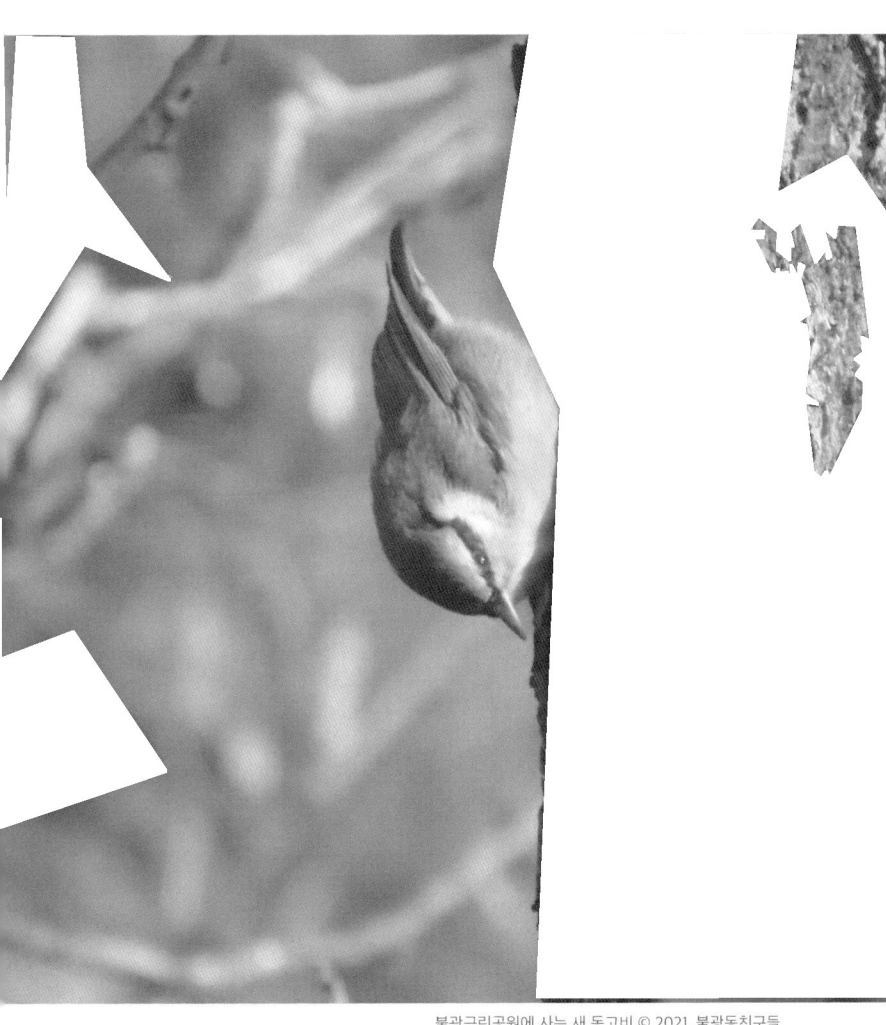

불광근린공원에 사는 새 동고비 © 2021. 불광동친구들

이립이 발원지에 다녀온 이야기를 하니, 한강 발원지가 생각이 나서, 동양 철학에서는 모든 것에 원인이 있다고 하는데, 한강에 발원지가 있는 것처럼 삶을 돌아보면 다 원인이 있었던 것 같고, 정말 자연의 이치에서 삶의 모습을 본다고 하니, 얼쑤, 이립이 자기는 그래서 생태 공부를 하는 거라고 합니다. 자연에서 인간의 삶을 보고 배운다고 합니다. 이 얼마나 건전한 맥주 한 잔 자리입니까!? 이런 대화 어떤가요? 사실 이립에게 표현하지는 않았지만, 그 자리 내내 이렇게 내가 좋아하는 주제로 함께 진지한 대화를 나눌 수 있다니 참 고맙고 행복했습니다. 엄청나게 싸우기도 하지만 말입니다.

 뉴리가 정한 <어쩌다 생태>의 세 가지 키워드는 '환경·유기·생태, 꽃을 찍다니!, 생물·생태'입니다. 그리고 이립이 정한 키워드는 '아파트에 사는 식물, 인간 활동 성찰, 동네에서 생물다양성 찾기' 입니다.

뉴리 - 어쩌다 생태

환경·유기·생태

기후위기와 감염병 시대에 절실하게 요구되는 태도가 바로 생태적 관점으로 바라보기다. 기후위기, 방사능, 미세먼지, 코로나19로 내 삶이 위협받고 있다고 느끼는 순간이 점점 더 잦아진다. 하지만 그 위기의식 이후 생태적 관점으로 문제의 원인을 찾고, 일상과 제도의 변화를 만들고자 지속해서 노력하는 게 그리 쉬운 일이 아니다. 그래서 더 의식하며 '생태'를 내 삶의 중요 키워드로 삼으려는 다짐을 하곤 한다.

'생태'라고 하면 환경, 자연, 유기라는 연관 단어가 떠오른다. 그런데 왜 자연도, 환경도, 유기도 아닌 '생태'를 주요 키워드로 삼았던 건가? 생태와 유사한 단어를 살펴보면서 어쩌다 '생태'를 삶의 주요 키워드로 삼았는지 정리해보려고 한다.

'생태'는 글자 그대로, '날생生, 모습태態', 살아있는 모습을 뜻한다. 참 단순한 의미의 단어다. 하지만 '모든' 살아있는 생명의 모습을 떠올리려면 상상하고 공감하려는 노력이 꼭 필요하다. 그래서 '생태적 관점'이라고 하면 모든 생명을 고려한 관점이라고 할 수 있다. 분절된 관점과 대비되는 총체적 관점으로 살아있는 모습을 바라본다는 뜻이다. 만약 인류가 이러한 생태적 관점을 취해왔다면, 지금 우리가 겪고 있는 기후위기, 방사능, 미세먼지, 감염병을 낳는 문제 행위를 할 수 있었을까?

'환경'은 '생태'와 어떻게 다른 말일까? '환경'의 사전 정의는 "생물에게 직접·간접으로 영향을 주는 자연적 조건이나 사회적 상황"이다. 환경은 어떤 중심을 둘러싼 조건이나 상황을 지칭한다. 예전에 일하던 직장에서 환경영화제 김영우 프로그래머를 만나 들었던 이야기가 생각난다. 그는 보통 환경을 자연과 동의어라고 생각하기 쉽지만 차이가 있다고 말했다. 환경의 '환'은 고리環이라는 한자어로 인간과 자연의 고리, 각 경계의 연결을 뜻한다고 강조했다. 이 설명은 '유기'라는 단어와 연결된다. 연결은 '유기'라는 단어가 품은 중요한 의미이다.

유기는 "생물체처럼 전체를 구성하고 있는 각 부분이 서로 밀접하게 관련을 가지고 있음"이라는 사전 정의로 풀이된다. '유기'가 '환경'보다 '연결'이라는 뜻을 더 직접 표현한다.

정리하면, 유기는 '관계', 환경은 '주변', 생태는 '총체'에 방점을 찍는다. 하지만 이렇게 찍힌 방점이 조금씩 다르다고 해도, 환경·유기·생태는 모두 조금 더 넓은 시야로 지구 생명을 바라보게 한다는 점에서 비슷한 단어다. 그래서 내가 '생태'에 관심이 있다고 할 땐 환경과 유기와 차별을 두기보다 모두를 포함하려고 한다. '생태'를 삶의 주요 키워드로 삼아 모든 생명을 아울러 내가 '살아가는 모습'을 성찰하고, 새로이 나아가야 할 방향을 끊임없이 모색하고 싶다.

꽃을 찍다니!

꽃이 아름답다는 걸 알고 나서 '생태'라는 키워드를 보다 가까이 느낄 수 있었다. 왜 몰랐을까? 꽃이 그렇게 아름답다는 것을!

마당이 있는 은평 셰어하우스로 막 이사를 왔던 당시, 마침 봄이어서 마당에 핀 모과나무꽃을 만날 수 있었다. 마음이 무너져 내리고, 시간이 많았던 백수는 흐드러지게 핀 연분홍빛 모과나무꽃 아래 자주 앉아 있었다. 흐드러지게 핀 꽃이 하늘을 감싸는데 그 아래 앉아있으면 은은한 밝은 빛이 내려와 좀 황홀했다. 모과꽃이 은은한 매력이 있다면 맞은편에 보이는 배롱나무는 아주 화려했다. 배롱나무꽃은 진 다홍 빛으로 대롱대롱 작은 꽃망울로 맺힌다. 마당에서 자란 배롱나무는 그 크기가 꽤 커서 진한 다홍 작은 꽃망울을 수백 개 피웠다. 진한 다홍 꽃 수백 개가 만개한 마당은 정말 진했다. 여름까지 100일 동안이나 꽃이 핀다고 해서 '백일홍 나무'라고 불렀다던 배롱나무를 매일매일 바라봤다. 꽃이 피고 지는 시간의 흐름을 매일매일 느꼈다.

　마당에는 목련 나무도 있고, 감나무도 있었다. 또 작은 텃밭에 고수도 심고, 대파도 심어 키워 먹었다. 풀이 무릎 위까지 크는 여름이 오기 전까지는 정말 나른하고 행복했다. 이 경험이 없었다면 자연 속에서 평온해진다는 게 뭔지 짐작할 수 없었을 거다. 마당을 경험하고, 명상을 시작하며 점차 길가에 핀 꽃과 나무까지도 온전히 바라볼 수 있었다. 그뿐만 아니라 달리는 버스 안에서 차창 밖을 멍하게 바라보는 게 아니라 온전히 집중해서 바라보기 시작했다. '지금, 이 순간'에 주의 집중할 때 오는 평온함을 어느 정도 알게 되니 자연을 자꾸 찾았다. 지치고 힘들 때면 불광천을 걷고, 진관사를 둘러보고 룸비니 동산에 누워 하늘을 보고, 불광근린공원 아미산에 올라 북한산을 바라봤다. 걷고 나면, 또 자연 속에 있으면 상쾌하고 편안했다.

신기한 건 30대 중후반이 된 친구들 역시 꽃을 좋아하고, 산을 찾기 시작했다는 거다. 왜 그런 걸까? 물론 30대 중후반 연령에는 무조건 자연을 찾게 되고, 온전히 '지금, 이 순간'에 있게 되는 건 아닐 거다. 아마도 친구들 역시 무너지고 쓰러진 경험 끝에 오롯이 홀로 존재하게 되는 때를 맞고, 그때 너무 고요해서 바로 내 눈앞에 있는, 내 귀에 들리는, 조용히 곁에 있는 존재를 알아차리기 시작한 게 아닐까? 어려서부터 자연을 경험한 어린이는 더 일찍이 자연 속에서 위안을 받았겠지. 그만큼 행복이 익숙하겠지.

20대를 돌아보면 어느 지역, 어느 아름다운 자연 속을 방문해도 참 무관심했다. 그래서 갔던 곳의 지리나 지명을 기억하지 못한다. 아마도 그때에는 친구나 동행한 누군가와의 관계에 빠져 있느라 그 장소를 만끽하지 못한 게 아닌가 한다. 당시에 나는 관계에서 중심을 찾기 어려워하고, 지속 불가능한 방식으로 과로하고, 술에서 위안을 찾았다. 그러니 중심이 '지금, 여기'에 있지 않았다. 그러다가 어찌 된 일인지 30대 중반 즈음, 오롯이 혼자 있는 시간을 맞았다. 그렇게 홀로 존재하며 자연을 찾기 시작했다.

자연이 사람을 치유한다는 말이 있다. 실제로 숲에 가면 피톤치드의 화학작용으로 심리 안정을 찾을 수 있다고 한다.

그리고 이런 말도 있다. 자연은 그냥 그렇게 있어 주기에 위로받는다고. 어디를 가나 평가에 노출되고, 의식해야 할 게 한두 가지가 아니지만 자연 속에서는 그냥 그렇게 있을 수 있다. 자연은 그냥 그렇게 나를 품어준다. 크으, 눈물……..

생물·생태

생물학과 생태학의 차이를 생각해보지 않았다. 최근 이립과 대화를 하면서 그 차이를 조금 알 수 있었다.

이립의 대학원 동료이자 불광동친구들의 '곤충 생물번개' 안내자인 송종원 곤충덕후와 처음 대화를 하고, 그가 덕후인지 단번에 알아차렸다. 덕후에게 예의가 아니기에 그에게 발견한 덕후의 면모를 묘사할 수는 없지만 정말 덕후 같았다. "혹시 덕후예요?"라고 물었다. 그랬더니 송종원 곤충덕후가 "맞다"고 대답했다. 덕후는 어느 한 분야나 대상에 '꽂혀' 그것만 집중해 파는 사람을 일컫는다. 그런데 송종원 곤충덕후는 그냥 덕후와는 좀 달랐고, 그래서 더 재밌었다.

그는 덕후이지만 덕후 세계 밖으로 고개를 내민 덕후였다. 그는 의도해서일부터 관찰자 유형에 속하는 이립이랑

어울리려 한다고 했다. '수집가'가 되는 걸 스스로 경계하려고 노력하는 것 같기도 하다. 그래서 곤충덕후는 불광동 친구들이 하는 활동에 관심을 표하고, 자꾸 우리가 기획한 자리에 나타났다.

최근 책을 읽다가 곤충덕후가 떠올랐던 때가 있다. 읽던 책은 세포학자 폴 너스Paul Nurse의 『생명이란 무엇인가』다. 불광동친구들 활동을 해서인지 좋아하는 동네 서점에서 이런 책을 골라버렸다. 책 도입에 이런 내용이 나온다.

"우리 생물학자들이 원대한 개념과 거대한 이론을 이야기하는 것을 꺼리고는 한다는 점을 말해두고자 한다. 이 점에서 우리는 물리학자들과 조금 다르다. (중략) 자연은 당혹스러울 만치, 더 나아가 감당할 수 없을 만치 압도적인 다양성을 가지고 있어서 단순한 이론과 통일된 개념을 찾기가 어려워 보이기도 한다. 그러나 생물학에도 원대한 형태의 포괄적인 중요한 개념들이 있다."

아, 한 마디로 생물학은 덕후의 학문이구나 했다. 생물학은 보편성을 정의하기보다 각 생명 단위별 구체성을 발견하는 학문이겠구나 했다. 세밀한 관찰력이 필수인 생물학이라니 곤충덕후가 생각났다.

그래서 이립에게 신이 나서 이야기했다. 새롭게 알게 된 생물학이 신기하기도 했고, 곤충덕후가 '생태학' 전공자인 게 너무 이해가 가면서 또 신이 났다. 그랬더니 이립이 내 말을 잘 알아듣지 못했다. 그래서 어디서부터 뭐가 잘못됐는지 확인해보니, 내가 생물학과 생태학을 구분해서 말하지 않았다. 이립이 이런 이야기를 해주었다.

"예전에 생태학을 공부한 박사님한테 생물학과 생태학이 어떻게 다르냐고 물어본 적이 있어. 그랬더니 생물학은 개체를 연구한다는 거야. 개체의 기관, 조직을 관찰하는 거지. 그리고 생태학은 개체보다 큰 단위를 연구하는 학문이라고 하더라고."

아, 생물학과 생태학은 이렇게 다르구나! 불광동친구들은 생물학과 생태학의 구분을 두고도 대화하는 사이다. 참 이런 대화를 하게 되다니, 생각도 못했다. 이제 생태 공부한 자, 나오시오!

이립 - 어쩌다 생태

아파트에 사는 식물

　대학원에서 식물 생태를 전공으로 공부하다 보니 전국 방방곡곡에 있는 산과 습지, 섬을 다니며 조사할 일이 많았다. 조사 차원이지만 좋은 자연환경을 만날 수 있어서 마냥 즐거웠다. 밤섬, 청산도에도 가고, 청계산, 인왕산, 불암산, 민주지산에도 갔다. 조사를 나가면 등산로가 아닌 길로 다녀야 할 때도 있는데, 인생 최고의 '와일드'한 경험이었다.

　산과 섬, 습지를 다니는 일은 매우 즐거웠지만 정작 내가 연구하고 싶었던 건 도시 나무의 삶이었다. 대자연을 좋아했지만, 도시에 마음이 갔다. 그런데 생태학에서는 도시를 연구 지역으로 삼는 경우가 많지 않아 참고할 수 있는 선행연구를 찾는 게 쉽지 않았다.

　대자연을 좋아하지만, 아파트 식물에 마음이 갔던 건 실제 내가 생활하는 도시에서 경험하는 자연을 말하고 싶었기 때문이다. 도시 속 자연은 인공 자연이지만 그렇다고 야생성이 없는 건 아니다. 내가 사는 오래된 아파트에는 키가 큰 나무와 풀이 굉장히 무성하다. 그 식물을 바라보고 있으면 정말 야생성을 느낄 수 있다. 이렇게 인간의 개입 속에서도 틈을 내 자라나는 식물을 보고 있으면 경이롭다. 그래서 아파트 식물을 연구하기로 마음먹었다.

조사를 시작했다. 서울 시내에 있는 아파트 단지 중에서 주변에 녹지대가 있는 곳과 없는 곳, 오래된 곳과 새로 만들어진 곳을 유형별로 묶어 30여 곳 정도를 조사했다. 평균적으로 아파트 단지마다 100여 종의 식물이 자라고 있었다. 생각보다 많은 식물 종이 아파트 단지에서 살아가고 있었다. 그중 절반은 아파트 단지를 만들거나 보수할 때 심은 것, 다른 절반은 여러 가지 경로로 자연스럽게 유입되어 자란 것, 그리고 그 일부를 주민이 기르는 것으로 추정할 수 있다.

아파트 주민이 재배하는 식물은 아파트 연식별 특성이 있었다. 지은 지 얼마 안 된 아파트에서는 주로 접시꽃, 분꽃과 같은 꽃 종류를 많이 볼 수 있다. 그리고 그보다 조금 더 오래된 아파트 단지로 가면 꽃보다는 고추, 가지, 토마토와 같이 먹을 수 있는 식물을 볼 수 있다. 또 더 오래된 아파트 단지에서는 무화과나무, 오갈피나무, 머루 등 나무 종류를 발견할 수 있다.

아파트를 지을 때 심는 나무 종류에도 시대별 특성이

있다. 1980년대에는 가이즈까향나무, 은행나무, 메타세쿼이아, 회화나무, 무궁화, 개나리 등을 심었다. 2000년대에는 그 종류가 더 다양화된다. 소나무, 대왕참나무, 자작나무, 공작 단풍, 생강나무, 신갈나무 등. 이제는 보통 조경용으로 심지 않던 생강나무, 신갈나무도 아파트 단지에서 볼 수 있다.

아파트 식재를 말하다 보니 한 반포 아파트에서 펼쳐진 블랙코미디가 생각난다. 몇 년 전 재개발된 반포의 한 고급 아파트 단지에서 1000년 된 느티나무 보호수를 옮겨와 화제가 되었다. 사실 그보다 화제가 된 일은 그 이후의 일이다. 옮겨온 시골 마을의 보호수가 아파트 단지에서 적응하지 못하고 죽음을 맞았다. 그런데 누구의 아이디어인지는 알 수 없지만, 고목의 죽음을 위장하기 위해 다른 어린 느티나무 가지를 잘라와 꽂아 놓고는 살아있는 것처럼 보이게 했다고 한다.

자연적으로 유입된 식물의 경로는 다양하다. 바람에 날아온 씨앗, 아파트를 건설할 때 사용한 흙에 들었던 씨앗, 동물이 먹고 소화시키는 과정에서 이동해온 씨앗도 있을 것으로 추정할 수 있다. 조경용으로 일부러는 심지 않는 민들레, 고들빼기, 냉이, 뽀리뱅이, 망초, 개망초, 까마중, 개여

뀌 같은 식물이 그 예다.

　간혹 드물게 화단에 있는 나무나 근처 가로수의 씨앗이 굴러들어와 싹을 틔우는 경우도 있다. 한 아파트 단지에서 양버즘나무의 어린나무가 자라고 있었다. 그런데 아무리 찾아봐도 아파트 단지 내에서는 모수母樹를 찾을 수 없었다. 바람에 날리는 씨앗도 아닌데 어떻게 들어왔나 했더니 아파트 단지 경계에 양버즘나무 가로수가 있었다. 키가 큰 양버즘나무가 열매를 아파트 담장 안으로 떨어뜨렸던 것 같다.

　나는 이런 도시 식물의 이동과 성장이 너무 역동적이라고 생각한다. 아파트 단지와 가로수 아래 화단을 유심히 보면, 가끔 은행나무 아래 작은 은행나무가 싹을 틔우는 경우가 있다. 그런데 그런 싹은 자라기도 전에 바로 잘려버리곤 한다. 풀 깎기만 조금 덜 해도 도시에 있는 식물이 '살아있다'는 것을 느낄 수 있을텐데, 아쉽다.

인간 활동 성찰
　학교나 학회에서 내가 연구하는 아파트 식물을 발표할 때면 자주 듣는 말이 있었다. 아파트 단지에 사는 식물은 한정되어 있고, 다양하다고 해도 생태학적으로 의미 있는 다양성이라고 할 수 없지 않냐는 말이었다. 맞는 말이다. 하지만 아파트 단지의 '한정된' 생물다양성은 인간이 자연을 밀어내고 만든 도시 공간을 성찰하게 한다.

기존의 도시 식물 생태 연구 중에는 귀화식물이나 생태계 교란 야생 생물의 확산 문제를 다룬 것이 많다. 귀화식물은 주로 인간 활동으로 퍼져나가기 때문에 도시화를 한 곳에 많이 나타난다. 이 식물은 인간 활동이 아니었다면 귀화하지도 생태계를 교란하지도 않았을 거다. 그런데도 도시 식물 생태 연구에서는 대개 이런 인간 활동을 충분히 다루지 않는다.

노들섬에 자연환경해설을 들으러 갔던 때가 있다. 노들섬의 외래식물을 설명하던 해설사는 '외래식물은 나쁘니까 뽑아버려야 한다'며 그 자리에서 그 풀을 뿌리째 뽑았다. 그런데 사실 그렇게 한다고 해서 외래종 식물은 사라지지는 않는다. 왜냐하면 외래종 유입의 원인인 인간 활동이 변하지 않기 때문이다. 인간이 만든 도시와 산업은 기존 생태계를 파괴해왔고, 결국 그 척박한 환경에서 잘 견디는 식물이 살아남게 되었다.

시청이나 구청에서 하천이나 산림 생태계를 보전하고

자 자원봉사단을 조직하거나 담당자를 고용해 외래식물을 제거하는 활동을 하지만 근본적인 외래종 제거가 안 되는 이유가 바로 여기에 있다. '식물' 자체가 문제가 아니라 '조건'이 문제이기 때문이다. 그래서 우리의 환경 조건인 '도시'로 시선을 돌려야 한다고 생각한다. 지금 우리의 도시는 어떠한지, 그리고 앞으로 어떤 도시를 만들어야 할지 질문을 던져야 한다.

동네에서 생물다양성 찾기

불광동친구들 활동을 하면 할수록 불광근린공원이라는 작은 동네 뒷산이 부양하고 있는 생물의 생태계가 보인다.

불광근린공원에서 가장 많이 볼 수 있는 나무 종류 중 하나가 참나무다. 한국에서 가장 흔하게 볼 수 있는 참나무 종류는 신갈나무, 떡갈나무, 굴참나무, 졸참나무, 갈참나무, 상수리나무 여섯 가지이다. 모두 불광근린공원에서 볼 수 있다. 참나무 여섯 종은 생김새가 각기 다르지만, 공통으로 도토리 열매가 달리는 나무다. 도토리 열매는 공원에 사는 청설모와 새에게 좋은 먹이가 된다. 특히 까치의 친척뻘인 어치라는 새가 도토리 열매를 좋아한다.

참나무와 관계를 맺고 살아가는 또 다른 생물 중에는 도토리거위벌레라는 곤충이 있다. 도토리거위벌레는 도토리에 구멍을 뚫어 알을 낳은 뒤, 긴 주둥이로 도토리가 달린 나뭇가지를 잘라 땅에 떨어뜨린다. 그러면 알에서 깨어난 애벌레가 도토리 열매의 양분을 먹고 자란다. 겨울이 되면 땅속으로 들어가 있다가 이듬해 성충이 되어 다시 참나무 가지 위로 올라간다. 그렇게 도토리거위벌레는 세대를 거듭하며 참나무와의 관계 속에서 살아간다.

한여름 참나무가 많은 숲에 가면 덜 익은 파란 도토리들이 나뭇잎 2~3장과 함께 가지 채로 바닥에 있는 것을 종종 볼 수 있는데, 이것이 바로 거위벌레의 흔적이다. 도토리거위벌레처럼 특정 식물이 있어야 살 수 있는 곤충이 있다. 그런 곤충은 특정 식물에만 알을 낳고, 특정 식물의 즙만 먹는다. 그래서 식물의 다양성이 곤충의 다양성에 영향을 미친다.

식물의 다양성은 새의 다양성과도 연결된다. 우리에게 '뱁새'라고 알려진 붉은머리오목눈이라는 새가 있다. 어찌나 작은지, '뱁새가 황새 따라가다 다리가 찢어진다'는 속담이 뭘 말하는지 단번에 이해가 된다. 참새보다 작고 동글동글하게 생긴 붉은머리오목눈이는 주로 공원 가장자리에 있는 키 작은 나무 덤불에 둥지를 짓는다. 그리고 강아지풀처럼 길가에 난 작은 풀의 씨앗이나 곤충의 애벌레를 먹는다. 공원에서 가장 자주 볼 수 있는 텃새 중 하나인 박새도 작은 식물의 씨앗이나 거미, 곤충 등을 잡아먹는다. 그런데 오목눈이처럼 키 작은 나무 덤불에 살지는 않고, 키 큰 나무들 사이를 오가며 살아간다. 혹은 비어있는 나무 구멍에 둥지를 틀기도 한다.

직박구리는 공원은 물론이고, 공원 근처 주택가 일대에서도 산다. 직박구리는 뭐든지 잘 먹지만 특히 꽃과 과일을 좋아한다. 벚꽃의 꿀이나 목련의 꽃잎을 먹기도 하고, 산수유나 팥배나무의 빨간 열매를 따 먹기도 한다. 겨울철 배고픈 새를 위해 창밖이나 공원의 나뭇가지에 사과를 매달아 놓으면 제일 먼저 찾아와 먹는 새가 바로 직박구리다. 아파트 단지 화단이나 공원에는 직박구리가 좋아하는 벚꽃, 목련, 산수유가 많이 있어서 직박구리를 쉽게 만날 수 있다.

불광근린공원에는 딱다구리도 많이 사는데, 딱다구리는 주로 숲 안쪽 나무가 울창한 곳에 산다. 직박구리와 비교해보면 딱다구리는 인간 활동에 예민한 편이다. 직박구리는 아파트 단지 화단까지 진출하기도 하지만, 딱다구리는 주택가와는 거리를 둔다. 딱다구리에게는 완충 지대가 필요하다. 생물번개를 하다가 딱다구리를 본 참여자가 도시에 딱다구리가 산다고 놀라워했는데, 딱다구리는 사람이 활동하는 장소와 거리를 둘 수 있는 적당한 규모의 숲이라면 도시에서도 살 수 있다.

아, 그런데 여기서 말하는 딱다구리는 불광근린공원에 사는 오색딱다구리, 큰오색딱다구리, 청딱다구리, 쇠딱다구리, 아물쇠딱다구리에 해당하는 이야기다. 딱다구리 중에는 도시화와 서식지 파괴로 이미 멸종한 것으로 알려진 크낙새라는 종이 있다. 사회학에서 '관용'이라고 번역해 사용하는 '톨레랑스tolerance'를 생태학에서는 '내성'이라고 번역하는데, 환경 요인과 관련해 특정 생물종의 생존 가능 범위를 말한다고 보면 된다. 생물마다 스트레스를 견딜 수 있는 범위가 다르다. 즉, '톨레랑스'가 높은 생물, 그러니까 직박구리나 까치처럼 도시 환경에 적응력이 높은 새는 내성 범위가 넓은 편이라고 말할 수 있다. 도시 환경에 적응한 외래식물도 마찬가지로 내성 범위가 넓다고 말할 수 있다.

불광근린공원에는 말라서 죽어가는 아까시나무 고목枯木과 은사시나무도 많다. 나무마다 목질이 단단하고 무른 정도가 다 다른데, 둘 다 아주 단단한 목재가 아니기 때문인지 딱다구리가 집 짓는 모습을 자주 본다. 이렇게 딱따구리가 지은 집은 이듬해 다른 새의 둥지가 되기도 한다. 동고비라는 작은 새는 딱따구리의 둥지 입구에 진흙을 발라 자기 몸에 맞추어 둥지를 고쳐 쓴다. 동남아시아 열대지방에서 날아와 봄·여름에 번식하고 돌아가는 여름 철새인 파랑새도 딱다구리의 둥지를 좋아한다.

여름 철새인 파랑새, 꾀꼬리, 소쩍새, 되지빠귀, 겨울 철새인 노랑지빠귀도 불광근린공원에서 볼 수 있는 새다. 먼 거리를 이동하며 살아가는 철새에게는 철마다 머물러 가는 서식지가 한 군데라도 사라지면 큰 위협이다. 그렇게 생각해 보면 철새가 머무는 작은 도시 숲 불광근린공원은 저 멀리 열대 지방과 한대 지방과도 연결이 되어 있다.

작은 동네 뒷산인 불광근린공원에서 이렇게 생태계의 여러 관계망을 계속 발견한다. 불광동친구들 활동을 하며 이제는 생물다양성을 개념으로만 접하는 게 아니라 실제로 경험한다. 만약 나와 같이 많은 사람이 동네에 있는 자연을 실제로 만날 수 있다면 생물다양성을 보다 자신과 연결된 일로 이해할 수 있을 것이다. 경험을 토대로 생물다양성을 이해한 사람은 그 경험이 없는 사람보다 전 세계 170여만 종의 생물다양성이 중요하다는 데 더 쉽고 깊게 공감할 수 있을 것이다.

동네의 생물다양성을 경험하지 못한 채 지구 차원에서의 생물다양성을 생각할 수 있을까? 도시에서의 생물다양성은 한정되어 있지만 너무 중요하다. 왜냐하면 도시에서 사는 많은 시민이 자신이 사는 동네에서부터 생물다양성을 경험할 수 있어야 그보다 더 큰 차원인 지구의 생물다양성을 상상할 수 있기 때문이다.

어쩌다
정 치

왜 정치? 갑자기 정치? 사실, 불광동친구들은 직접적이지는 않지만 간접적인 정치 행위를 하고 있습니다. 불광동친구들 활동을 시작할 때부터 그랬습니다. 2020년 초여름, 도시공원일몰제가 연일 화제였습니다. 불광근린공원 역시 개인이 소유한 토지가 일부 있는데, 20년간 토지 보상을 하지 않아 개인의 땅이 공원 지역에서 해제될 상황이었습니다. 불광동친구들은 공공의 녹지를 지킬 수 있는 방법으로 '생물번개'가 딱이라고 생각했습니다. 불광근린공원의 생물다양성을 경험한 주민이 늘고, 그 소식이 알려질수록 공원을 지키려는 뿌리 깊은 힘이 커질 수 있다고 믿었습니다. 정치적인 의도가 다분한 활동이 바로 불광생물번개입니다.

그래서 뉴리와 이립이 어쩌다 그렇게 정치를 고려하며 생태 활동을 하게 되었는지 그 이야기를 풀어보려고 합니다. 뉴리가 정한 <어쩌다 정치>의 세 가지 키워드는 '지역과 생태 그리고 정치, 녹색당원, 혼자서는 못하는 일'입니다. 그리고 이립이 정한 키워드는 '동네 공원과 정치, 2050년까지 도시의 절반을 녹지로, 스스로 변화가 되어라' 입니다.

동네 공원은 생물들의 터전인 동시에 사람의 손을 타는 곳 © 2021. 불광동친구들

뉴리 - 어쩌다 정치

지역과 생태 그리고 정치

　지역과 생태는 정치와 무관하지 않다. 은평에서 일하고 생활하며 의료생협 주치의에게 치료를 받고, 은평문화예술회관 숲속극장에서 하는 음악 공연을 무료로 관람하고, 뒷산 공원으로, 불광천으로 산책을 하며 살아가는 건 나 개인의 선택이지만 정치 영역에서 법률과 정책으로 마련한 기반이 없었다면 할 수 없었을 선택이다. 정치 영역에서 제 역할을 한 이들이 있기에 이렇게 나는 은평에서 15분 생활권을 누리며 살아간다.

　하지만 나 개인의 만족이 크다고 해서 은평의 정치가 완성형이라고 할 수는 없다. 정치는 모두의 정치여야 한다. 15분 생활권만 생각해도 그렇다. 현재 은평구는 모두에게 15분 생활권이라는 선택지를 제공하고 있을까? 공공 기반 시설이 충분한가? 배제되는 이는 없는가? 예를 들면, 유아차를 이용하는 사람이나 휠체어를 이용하는 사람에게 은평이 15분 생활권 동네일 수 있을까? 이런 질문만 몇 개 해봐도 은평 지역 정치는 아직 해결해야 할 과제를 무수히 많이 안고 있다.

요즘 '15분 도시' 공약이 한국 정치계에서도 대유행이다. 이렇게 반가운 유행이 있을까! 15분 도시는 프랑스 파리의 안 이달고Anne Hidalgo 시장이 2020년 재선 캠페인에서 자급자족하는 도시를 만들겠다고 발표한 공약이다. 이제는 프랑스 파리뿐 아니라 미국 오리건주 포틀랜드, 스페인 마드리드, 캐나다 오타와 등 전세계 정치인이 15분, 20분, 21분 도시 계획을 발표하고 있다. 코로나19 이후 전세계의 많은 시민이 대도시 중심의 삶이 아니라 지역 중심의 삶, 기후위기와 생태위기를 낳는 개발주의가 아니라 생태적 삶의 방식을 원하고 있다.

잠시 15분 도시를 소개하겠다. 15분 도시를 주창한 사람은 카를로스 모레노Carlos Moreno 파리 제1대학교 시스템 혁신과 교수다. 그가 말하는 15분 도시에는 4개 원칙과 6개 사회 기능이 들어있어야 한다. 4 원칙은 "(1) 생태성Ecology: 녹색·지속가능한 도시, (2) 근접성Proximity: 각 활동의 거리 줄이기, (3) 연대성Solidarity: 사람 사이의 연결고리 만들기, (4) 참여Participation: 동네 변화에 시민이 적극 동참할 수 있게 하기"이다. 그리고 6 기능은 생활Living, 일Working, 공급Supplying, 돌봄Caring, 학습Learning, 즐거움Enjoying이다.

만약 거대 도시를 건설했던 여러 국가에서 15분 도시를 적용해 작은 도시 만들기를 해나간다면 국가 내, 국가 간 착취를 멈추고, 자립과 공존이 가능한 수평 관계로 새로운 연결이 생길 거라는 아름다운 기대를 한다.

그런데 한국 재·보궐 선거에서는 15분 도시 계획이 생태와는 거리가 먼 개발주의 공약으로 변모해 있었다. 박 부산시장 후보는 '15분 도시 부산'을 만들고자 도심에 초고속 철도인 '어반루프'를 놓겠다고 발표했다. 물론, 그런 변형을 해서는 안 되는 잘못된 행동이라고만 할 수는 없다. 그들은 자신의 정치 이념에 따라 15분 도시를 생태계를 파괴하고, 기후위기를 낳는 방식의 공약으로 바꿀 자유가 있다. 그런 계획이야 생각할 수도 있고, 발표할 수도 있다. 이제 최종 결정이 남아 있다. 시민이 선택할 차례다. 오늘은 기상이변으로 평년보다 따뜻한 4월 5일 식목일이다. 이틀 뒤 재·보궐 선거 결과는 어떻게 나올까?

도시 계획이 정치 영역인 것처럼 불광근린공원 아미산 역시 정치의 공간이다. 만약 서울시가 '도시공원일몰제'에 대응하고자 '도시자연공원구역' 지정 결정을 하지 않았다면 불광동친구들 그리고 은평 주민은 애용하던 아미산의 일부 산책로에 진입할 수 없거나 개발되는 아미산의 모습을 바라만 봐야 했을지 모른다. 도시자연공원구역은 「국토의 계획 및 이용에 관한 법률」에 따라 도시 자연환경과 경관을 보호하고, 도시민에게 여가와 휴식 공간을 제공하는 구역을 지정하는 제도다. 서울시는 일단 일몰제 대상 토지를 도시자연공원 구역으로 지정한 후 사유지 매입을 지속해나갈 계획이다. 앞으로 도시 공원은 어떻게 될까?

녹색당원

나는 녹색당원이다. 2014년 여름 즈음, 녹색당원이 되었다. 가입하고 4년 동안 한 건 없지만 녹색당에 가입한 동기는 명확했다. 생태계 파괴와 끊임없는 경쟁으로 많은 사람이 불행을 느끼고 있다고 생각했다. 그래서 근대 문명과의 이별을 고하고, 생태 문명으로 전환을 준비하는 정당인 녹색당이 정치를 할 수 있길 바랐다. 그런데 두 번의 계기가 없었다면 녹색당에 투표는 하더라도 당원이 되지는 않았을지도 모른다.

이명박과 박근혜 대통령이 집권하던 시기, 무력감이 컸다. 아, 사실 노무현정부 시절부터 그랬다. 노무현 정부는 평택 대추리 미군 기지 이전을 반대하는 주민, 그리고 연대하는 시민의 의견을 듣지 않고, 행정 대집행을 결정했다. 행정 대집행으로 엄청나게 많은 경찰이 동원됐는데, 그 당시에 나는 혼자 거기에 있었다. 정말 무서웠다. 그 이후로도 정부의 결정에 반대하는 의견을 내고자 거리에 나간 경험이 몇 번 더 있다. 비정규직법이 통과되던 시기에도 광화문거리에 나갔고, '명박산성'이 세워질 때도, 강정마을 해군기지 설치를 반대할때도 거리에 나갔다. 물론, 노무현 대통령 탄핵 반대, 박근혜 대통령 탄핵 요구로 길거리에 나섰을 때는 어느 정도 효능감을 느낄 수 있었지만 앞서 말한 거리 위 시위에서는 계속해서 무력감을 느꼈다.

무력감이 커가던 2013년 어느 날이었다. 일하는 직장에서 독일 에너지 정책과 사회를 주제로 초대 강연을 열었다. 그 강의에서 잊지 못할 이야기를 들었다. 아마도 객석에서 강연자에게 변화를 위해 할 수 있는 일을 물었던 것 같다. 그러자 강연자는 거리 집회에 나가는 방법도 있지만 정당에 가입해보라고 권유했다. 정당에서 의견을 모으고, 실제 의사결정 과정에 참여해보라고 제안했다. 아, 한 번도 생각해보지 못한 방법인데, 너무 그럴듯했다. 그래서 울림이 컸다. 그리고 그 이후로 한동안 내 안의 고정관념을 확인해갔다. 그렇게 거리로 시위를 하러 나가면서도 그 목소리가 의

회나 행정부의 목소리가 될 수 있다고 생각하지 못했다. 스스로 정한 한계선이 너무 제한되어 있었다. 또 정치참여 의식이 있으면서도 동시에 정치 혐오가 있어 답보 상태에 빠져 있었다.

    그렇게 시간이 흐르고, 2014년 4월 16일 세월호 사고가 일어났다. 사고 첫날엔 어리둥절했고, 그 이후 며칠 동안 사고 생중계 뉴스를 보며 너무 슬퍼 많이 울었다. 또 무력감이 들던 나날이었다. 그러던 중에 한 청소년 캠프에서 녹색평론 발행인 김종철 선생님의 강연을 듣게 되었다. 이 두 번째 경험을 계기로 녹색당 당원 가입서를 작성했다. 김종철 선생님은 세월호 사고 재발을 막으려면 생명을 소중히 여기는 녹색당이 정치를 해야 한다고 말했다.

    당원이 된 후로 한 4년 동안 녹색당원으로서 한 건 없다. '영혼을 갈아 넣는' 직장에 다니느라 직장 외 활동을 할 수 없었다. 또 당시에는 새로운 시도에 꽉 막혀 있어서 모르는 사람을 만날 생각 자체를 아예 하지 않았다. 그런데 지금은 은평녹색당 운영위원장까지 맡아 하고 있다. 어쩌다 보니 은평 지역을 중심으로 불광동친구들 활동을 하고, 은평에서 직장을 다니고, 은평지역당에서 운영위원으로 일하고 있다.

사실, 은평녹색당은 정식 명칭이 아니다. '지역 정당'이 아니기에 그렇다. 한국 정당법에서 정당은 수도권에 중앙당을 두고, 그 아래 시·도당을 구성하도록 한다. 그래서 은평녹색당은 사실 자치구 단위의 정당이 아니라 '모임'이라고 봐야 한다. 하지만 당 내부에서는 기초지역 모임을 활성화하고 권한을 부여하고자 노력한다. 같은 맥락에서 녹색당은 중앙당을 전국당이라고 부르며 중앙집중화를 견제하고, 기초 지역과 광역 정당의 위계를 견제하며 균형 만들기에 힘쓴다.

녹색당원이라는 정체성과 불광동친구들 성원이라는 정체성은 구분할 수 있지만 연결되어 있다. 그리고 각 활동의 구체적인 내용은 서로 다르지만 지역과 생태 그리고 정치라는 키워드는 두 활동에서 모두 중요하다.

혼자서는 못하는 일

20대 후반 어느 시기에 일로든, 친목으로든 만나는 관계를 너무 폐쇄하고 살았다는 사실을 깨달았다. 언제부터 그런 폐쇄성을 키웠나 돌아보니 하자센터에서 안정감을 느끼는 친구를 만난 이후부터였다. 중학교, 고등학교, 대학교에서 만난 친구 사이에서는 늘 외로웠다. 불합리한 학교 규칙이나 비합리적인 위계질서를 받아들이지 못하고 불편함을 느끼는 사람은 언제나 나 혼자였다. 그런데 하자센터에는 나처럼 불편함을 느끼는 사람이 많았다. 그래서 정말 반가웠다. 하자센터에서 준거집단을 찾은 후에는 그 관계 밖으로 장벽을 차츰 높게 세워나갔다. 그렇게 하면 더는 외롭거나 불편한 감정을 느끼지 않을 수 있을 거라는 무의식이 작동했다.

그러던 20대 후반 어느 날, 장벽 너머의 사람 대부분을 무시하고 비난하는 나 자신을 발견했다. 대학교에 다닐 땐, 한 학교 친구에게 선민의식이 있는 것 같다는 말까지 들었다. 당시 선민의식이 무슨 말인지 몰라서 그게 무슨 말이냐고 되물었다. 설명을 듣고 나서 상대에게 문제를 찾으려고 했지만 돌아보면 당시 나는 정말 이상한 우월감에 빠져 있었다. 외롭고 친구가 필요했던 건데, 뭔가 잘못되어 있었다.

하지만 20대에는 큰 변화를 만들지 못했다. 시간이 많이 흘러 30대 중반, 퇴사를 하면서 변화를 시도했다. 일했던 직장은 폐쇄성이 높은 곳이었다. 구성원 간 결속력이 강했다. 그래서 리더가 가스라이팅을 하고 있다는 사실을 인식하기가 쉽지 않았다. 몇 년이 지나서야 문제를 문제로 인식했고, 문제를 제기하면서 퇴사했다. 그리고 3년 정도 후 폭풍에 시달렸다. 의도하지는 않았지만 가스라이팅을 하는 리더에게 일조했던 나 자신을 마주해야 했다. 만약 내가, 그리고 일했던 조직이 조금이라도 개방되어 있었다면 문제가 그렇게 고착되지는 않았을 거라 생각했다.

퇴사한 후, 전에는 하지 않았을 행동을 하기 시작했다. 가보지 않던 길을 걸어가 보기도 하고, 생판 모르는 사람이 있는 자리에 가보기도 했다. 대학원에 입학해서도 노력을 지속했다. 나와 다르다고 무시하지 말고, 불편한 문화도 최대한 수용하려고 했다. 그래서 그 전이었다면 가지 않았을 술자리에도 가보고, 성희롱과 성차별 발언을 아무렇지도 않게 하는 교수에게 분노를 표하지 않고, 웃으며 대화하려고 했다. 더는 싸우거나 단절하는 방식을 사용하지 않으려고 했다. 설득하는 편이 좋다고 생각했다.

대학원 생활 끝에 얻은 결론이 있다. 폐쇄성을 낮추고, 우월감은 내려 놓아야 하지만 나와 비슷한 사람 사이에서 살아가야 한다는 거다. 사람은 누구나 연대감을 느낄 수 있는 준거집단이 필요하다. 홀로 살아가는 건 너무 외롭다. 그래서 자신이 속할 수 있는 부분을 찾아야 한다. 세상은 서로 다른 여러 부분의 총합이라고 할 수 있다. 서로 다른 부분은

교집합을 만들기도 하고, 섞이기도 한다. 그런데 자기가 속할 수 있는 부분을 잘 알아차리지 못하면 다르기만한 사람 사이에서 홀로 분투하다 완전히 지쳐버릴 수도 있다.

정치학자 박상훈은 저서 『정당의 발견』에서 민주주의를 '부분(들)의 미학'이라고 표현한다.

"민주주의란 '부분(들)의 미학'이라고 할 수 있다. 수많은 집단적 갈등과 차이, 열정들이 몇 개의 '부분part'으로 조직될 수 있어야 하고, (중략) 그 '부분'
들을 가리켜 정당party이라고 하며, 그런 복수의 정당이 있느냐 없느냐를 기준으로 민주주의와 민주주의가 아닌 체제를 구분한다."

이는 정치 영역의 이야기이지만 복수의 부분을 조직하는 건 모든 인간사에 해당하는 이야기이기도 하다.

대학원에서의 경험 이후 나와 너무 다른 부분에 들어가려고 애쓰지 않아도 된다는 걸 알았다. 그리고 확장하고자 한다면 너무 멀리 있는 부분이 아니라 조금이라도 비슷한 부분에 속한 사람을 만나 연결고리를 찾는 편이 훨씬 효과가 있다고 생각하게 되었다. 아, 그런데 무엇보다 더 먼저는 자기가 속할 수 있는 부분을 찾는 거다. 홀로, 개별로는 할 수 있는 일이 너무 적고, 너무 외롭다. 불광동친구들은 내가 속한 부분이다. 나와 이립은 다른 점도 매우 많지만 서로 비슷한 지향점을 확인하며 함께 하려고 한다.

이립 - 어쩌다 정치

동네 공원과 정치

　동네 공원과 정치의 연결을 이야기해보려고 한다. 지난해, 불광동친구들이 활동하는 불광근린공원이 사라질 뻔했다. 바로 '도시공원일몰제' 때문이다. 불광근린공원 뿐 아니라 전국 공원의 녹지 절반이 사라질 위기에 처했었다. 도시공원일몰제로 정부가 지정했던 공원 부지 가운데 소유권 보상이 되지 않은 사유지가 있으면 도시공원을 해제해야 했다. 그 기점이 2020년 7월 1일이었다.

　정부는 1970~80년대 도시계획 과정에서 도로, 철도, 수도, 학교, 공원, 광장 등 도시계획 시설 부지를 결정했다. 그 부지 중에는 국공유지뿐만 아니라 사유지도 포함되어 있었다. 정부가 도시계획시설 부지로 정한 구역은 사유지라고 하더라도 토지 소유자가 마음대로 개발을 할 수 없었다. 그러자 토지 소유주는 90년대, 이를 재산권 침해로 헌법 소원을 제기했다. 그리고 1998년, 헌법재판소는 기존 도시계획법이 개발 제한을 규정하면서 개인의 토지 보상의 내용을 담고 있지 않아 위헌에 해당한다고 결정했다.

도시공원일몰제는 위헌 결정 이후 도시계획시설 부지 해제로 발생할 혼란을 줄이고자 유예기간을 두도록 한 제도다. 입법부는 2000년 7월 1일을 기준으로 20년 이내에 토지 보상이 이루어지지 않으면 도시공원을 해제해야 한다는 내용으로 법률을 개정했다. 학교, 도로, 수도 같은 시설은 대체로 매입과 시설 조성이 이루어졌지만, 2015년 기준으로 공원 부지 가운데 사유지 약 96%가 보상이 이루어지지 않았다. 그래서 2000년 들어, 대부분의 동네 뒷산이 공원에서 해제될 상황에 부닥쳤다.

왜 20년간이나 토지 보상을 하지 않았던 걸까? 토지 매입이 진행되기 어려웠던 복잡한 상황이 있다. 정부는 다른 시설과 달리 규모가 큰 공원 부지 매입을 위한 예산을 확보하는 데 어려움을 겪었다. 그리고 90년대 지방자치제도가 본격화된 이후에는 지방정부가 중앙정부의 공원 조성 업무를 이관받으면서 중앙정부가 해결하지 못했던 공원 조성의 책임을 전부 떠안았다. 게다가 지방정부는 중앙정부 부처가 소유한 국공유지 공원까지 매입해야 했다.

하지만 다행히도 서울시는 해당 행정구역의 일몰제 대상 지역을 모두 '도시자연공원'으로 지정하며 대안 마련에 나섰다. 도시자연공원 지정 권한은 시장 및 도지사에게 있다. 도시자연공원으로 지정이 되면 도시의 자연환경과 경관을 보호하고, 도시민에게 건강한 여가·휴식 공간을 제공하기 위해 산지의 개발을 제한할 수 있다. 서울시는 도시자연공원 지정을 한 이후 단계별 토지 보상을 해나가기로 했다. 한편 토지 소유자의 세금을 감면해주거나, 휴양림이나 수목원 등 수익 사업을 할 수 있게 해서 공원을 매입하지 않고도 유지하는 방안을 검토하고 있다.

하지만 도시공원 지키기가 여기서 끝난 건 아니다. 토지 소유자는 다시 행정 소송을 준비하고 있다. 얼마 전에는 강남 대모산 일대의 토지 소유자 여럿이 서울시의 '재산권 침해'를 규탄하면서 산속에 목이 잘리고 피 묻은 마네킹을 매달아 놓는 시위를 벌였다고 한다. 그리고 그 사이 새로운 시장이 당선됐다. 서울시 정책의 향방은 아직 알 수 없다. 만약 도시공원이 다시 해제 상황에 놓인다면 무엇을 해야 할까?

불광근린공원은 전체 면적의 약 10% 정도가 사유지다. 지난해 여름 기준으로 사유지가 12% 정도였는데, 연말에 몇 군데 토지 보상이 이루어졌다. 한번은 정부 홈페이지에서 토지 대장을 떼서 공원의 어느 부분에 얼마만큼 사유지가 있는지 찾아봤다. 토지 대장은 토지나 임야의 소재, 지번, 면적, 소유자 등을 공개한 자료다. 대장에서 확인했던 사실은 땅을 소유한 사람 대부분이 강남, 서초, 용산, 혹은 외국에 살고 있다는 점이었다. 같은 동네에 사는 사람이면 만나서 불광근린공원을 유지하는 방향으로 말이라도 해볼까 했는데, 쉽지는 않을 것 같다.

공원이 사라지게 되면 주민은 그 변화를 감내해야 한다. 그런데 주민은 공원의 운명 결정 과정에 참여할 권리가 없다. 개인의 재산권도 중요하지만 헌법이 보장하는 기본권으로 환경권 또한 중요하다. 환경권은 건강하고 쾌적한 환경에서 살아갈 권리를 말한다. 그리고 사람 주민말고도 공원에 사는 생물 주민도 많다. 공원에 사는 생물은 엄연한 거주민이지만 이들에게는 권리가 없다.

불광동친구들의 활동은 정치와 연결된다. 우리 동네 공원은 쇠딱다구리와 청딱다구리가 사는 아름다운 숲이기도 하지만, 동시에 재산권 투쟁과 법·제도·정치적 의사결정이 각축하는 장이다. 앞으로 공원의 운명은 어떻게 결정될까? 부디 내가 만난 나무와 벌과 나비와 새들이 무탈하게 대를 이어 서로에게 기대어 살아갈 수 있길 바란다.

2050년까지 도시의 절반을 녹지로

한국은 도시공원일몰제를 결정했지만 2050년까지 도시의 절반을 녹지로 만들겠다고 선언한 곳도 있다. 바로 영국의 도시 런던이다. 최근 런던 시정부는 2013년 한 사람의 제안으로 시작된 국립공원도시National Park City 운동을 받아들였다. 국립공원도시 운동은 런던시를 국립공원처럼 더 푸르게, 건강하게, 야생성이 살아있게 만들자는 메시지를 담고 있다. 그런데 '국립공원'과 '도시'의 조합이라니 의문이 들 수 있다.

이 운동을 제안했던 사람은 런던에 살고 있는 내셔널지오그래픽 탐험가이자 지리학 교사인 다니엘 레이븐 엘리슨Daniel Raven-Ellison이다. 그는 많은 탐험을 다니며 문득 '런던이 국립공원이 된다면 어떨까?'라는 생각을 했다. 런던은 녹지가 풍부한 도시다. 전체 면적의 47%가 공공과 개인 또는 왕실 소유의 공원과 녹지일 정도로 자연 환경이 풍부하다. 하지만 시간이 지나면서 점차 자연 환경이 훼손되고 있었다. 그래서 다니엘은 도시 전체를 국립공원으로 지정하는 방법을 생각해낸다.

아이디어를 떠올린 1년 후, 다니엘은 '런던 국립공원' 홈페이지를 만들었다. 물론, 런던은 실제 국립공원이 아니었다. 그는 홈페이지에서 런던 내 여러 다양한 공원과 녹지를 소개하고, 즐기는 방법을 소개했다. 그러자 많은 사람이 호응을 하기 시작했다. 2015년에는 600명 정도가 모이는 오프라인 행사를 개최하기에 이른다. 다니엘은 이 자리에서도 런던을 국립공원으로 만들자는 제안을 한다.

행사 이후 다니엘은 런던 국립공원 계획을 현실화하는 방법을 찾아 나선다. 그가 선택한 방법은 '런던 국립공원도시 제안서' 크라우드 펀딩이었다. 이 제안서에 동의하는 개인과 단체를 모으고, 지지 서명과 후원금을 모았다. 펀딩에 성공한 그는 제안서를 완성했고, 그 제안서를 지역 정치인에게 전달했다. 그뿐 아니라 주민과 함께 하는 공론장을 지속해서 개최했고, 결국 1000명이 넘는 지역 정치인의 지지 서명을 받을 수 있었다.

이듬해 런던 시장 선거가 있었다. 주요 시장 후보자 모두 런던 국립공원도시 운동을 지지한다고 밝혔다. 그리고 시장으로 당선된 노동당의 사디크 칸Sadiq Khan은 국립공원도시 운동을 도시계획에 반영하겠다고 공식 발표했다. 거기에 더해 2050년까지 런던 도시 전체 면적의 50% 이상을 녹지로 만들겠다는 내용도 함께 발표했다. 런던 시민과 정치인이 함께 기후변화와 생물다양성 손실에 대응하기 위해 적극적인 녹지 확대 정책을 결정했다니, 멋지지 않은가?

런던 광역시의 면적은 1,572km²로 서울의 2.6배나 된다. 녹지를 전체 면적의 47%에서 50%로 늘린다는 건, 단 3% 차이일 뿐이지만 면적으로 환산하면 약 47km²에 달한다. 현재 서울시 전체 면적에서 녹지가 차지하는 비율은 약 34%가량인데, 여기서 녹지 3%를 늘리려면, 용산공원을 여섯 개 만들어야 한다. 용산공원은 전체 약 3km² 면적으로 서울에서 가장 넓은 공원이 될 예정이다.

런던의 구체적인 녹지 계획을 들여다보면 더 멋지다. 먼저 런던시를 권역으로 나눈다. 그리고 각 권역에 있는 녹지별로 구체적인 재원 마련 계획을 세운다. 이 계획은 공원을 양적으로 확대하는 것은 물론 기존의 녹지를 연결해 생물다양성을 더욱 풍부하게 하는 방향까지 세부적으로 담고 있다.

한편, 국립공원도시 운동에 참여한 시민들은 재단을 설립해 활동을 이어나가고 있다. 이들은 런던을 생태적으로 풍요로운 도시로 만들기 위한 시민 모임과 실험을 공유하고, 누구나 참여할 수 있는 다양한 활동을 소개한다. 예컨대 런던에서 산림욕 하는 방법, 걷거나 자전거를 타고 이동할 수 있는 런던 도시공원 연결지도, 야생동물이 살 수 있는 공간을 마련하는 주택·정원·길거리 리모델링 방법을 소개한다.

또, 공원의 친구가 될 수 있는 방법도 자세하게 소개한다. SNS 공원 계정을 만들어서 공원의 소식을 알리고, 공원의 역사를 조사해서 자료화하고, 지역 의원이나 토지 소유자를 찾아가 공원 개선 방안을 건의하고, 공원 청소의 날, 자연 산책, 여름 축제 행사를 기획해보라고 권유하기도 한다.

1년에 한 번은 국립공원도시 축제가 열린다. 축제는 런던 전역의 숲, 강변, 공원, 옥상정원 등에서 공연, 상영회, 강연회, 양봉 체험, 달리기, 카약 등 다양한 프로그램이 열리는 형식이다. 상상만 해도 즐겁다. 나도 내가 아는 곤충 덕후, 새 덕후, 텃밭 덕후, 요리 덕후, 요가 덕후, 산책 덕후를 초대해서 은평구 전역에서 축제를 열고 싶다. 그리고 동네 덕후들과 함께 2050 은평구 녹지계획도 만들어보고 싶다. 녹지 비율을 50%쯤으로 확대하는 계획으로 말이다.

스스로 변화가 되어라

"세상에 원하는 변화가 있다면 스스로 그 변화가 되어라Be the change that you wish to see in the world"라는 간디의 유명한 말이 있다. 나는 불광동친구들 활동이 바로 그런 시도라고 생각한다. 지금은 공원의 생물다양성을 탐사하고 기록하는 일에 집중하고 있는데, 나중에는 이곳이 생태와 문화, 지속가능성을 키워드로 다양한 활동이 이루어지는 도시 속 동네 공원의 모습이 되었으면 하는 바람이다.

어느 날은 공원에서 곤충 생태를 주제로 과학자의 강연이 있고, 또 어느 날은 산책 모임이나 그림 그리기 모임이 열리는 동네 숲의 모습을 상상한다. 또 근처 다른 동네 공원과 네트워크를 만들어 런던의 국립공원도시처럼 동시 다발 축제를 열어도 좋을 것 같다. 이런 일을 벌이기에 지역 생활협동조합이 적절하지 않을까 한다. 동네 주민이 조합원이 되고, 숲에서 다양한 행사를 열어 배우고 쉴 수 있도록 하는 거다.

이렇게 작은 지역에서부터 경험을 쌓아나가면 조금 더 큰 범위의 도시를 어떻게 만들어 나가야 할지 함께 의견을 모아내기가 수월할 수 있을 것 같다. 동네에서부터 활동을 시작하면 더 큰 규모의 도시, 더 나아가 지구의 생물다양성까지 생각하며 각자의 역할을 찾아 나갈 수 있을 것이다. 그 역할은 또 정치의 영역과 만나기에 우리의 활동은 꽤 정치적이다.

나가며:
어쩌다
마　음

나무의 맹아, 사상의 맹아 © 2021. 불광동친구들

뉴리 - 생물번개는 명상이다

쉿!

조용히 잠시 눈을 감고, 소리에 집중해보세요.

들리는 소리가 있다면 그 소리에 집중해보세요. 평소에 시끄럽다고 생각한 소음이라도 주의 깊게 들어보세요! 여러 소리가 동시에 들린다면 그중 하나를 선택해서 집중해보세요! 눈을 감고 1분 정도 집중해서 들어보면 좋은데, 더 짧게 해도 좋아요!

시-작!

이제 눈을 뜨셨나요? 이 글을 읽고 있는 여러분과 함께 명상을 한 번 시도해보았습니다. 이렇게 대상에 주의 집중해 그 순간순간을 알아차리는 명상을 집중 명상이라고 합니다. 그리고 아주 반갑게도 작년 가을, 새 생물번개 선생님이 새 탐사를 이런 집중 명상 방식으로 진행하더라고요! 선생님은 참여자에게 눈을 감고 1분간 들려오는 새 소리에 귀 기울여보라고 요청했습니다. 그리고 1분이 지나 눈을 뜨고, 각자 들었던 새 소리를 따라 내면서 새 이름과 소리의 특징을 조사하도록 했습니다. 당시 그 1분을 떠올리면 지금도 평안합니다. 열 명 남짓 모인 사람이 모두 눈을 감고 집중력을 끌어올리는데, 옷 깃 스치는 소리 하나 나지 않으니 정말 고요했습니다. 숲 소리만 고요했습니다.

"쯔-윗, 깍깍깍, 찌찌리리리, 삑비찌징지, 쭈중쭈중, 쿄쿄쿄쿄쿄."

지난 새 생물번개에서 조사한 기록 내용입니다. 와! 정말 너무 명상 같았습니다. 집중 명상은 대상에 주의 집중하고, 계속해서 순간순간 유념하고, 알아차리는 과정인데, 새 탐사가 그랬습니다. 생물번개에 참여하면 이렇게 평안한 기분을 느낄 수 있습니다. 명상할 때와 비슷한 기분입니다. 물론, 명상을 하다가 주의를 놓쳐서 망상과 잡념에 빠지기도 하지만 전반적으로 차분해진 기분을 느낍니다. 이런 명상의 시간이 소중한 건 평소에는 생물번개나 명상을 할 때처럼 주의 집중하며 깨어있지 못하고, 자동 반응으로 과거와 미래, 다른 사람 머릿속까지 넘나드느라 너무 피곤하기에 그렇습니다.

주의 집중과 반대되는 게 바로 자동 반응입니다. 명상을 하면 정말 자동 반응이 얼마나 빠르고 순식간에 말도 안

되는 연결로 일어나는지 알 수 있습니다. 주의력을 놓치면 자동 반응에 빨려 들어갑니다. 명상할 때는 그나마 집중 대상을 놓쳤다는 걸 금방 알아차리고 다시 집중할 수 있지만 일상 속에서는 망상과 함께 '싫다, 나쁘다, 밉다' 같은 평가까지 하며 살아갑니다. 그러니까 피곤합니다. 그래서 명상을 하고 생물번개를 하면 차분히 '지금 여기'에 집중할 수 있어 휴식할 수 있습니다. 자동 반응으로 날뛰는 망상의 향연을 그만둘 수 있기 때문입니다.

생물번개에서는 새 소리라는 대상에 집중한다면 명상에서는 호흡에 집중합니다. 가만히 감각하기 좋은 게 호흡입니다. 사는 동안 들숨과 날숨으로 호흡하니 코 끝에 스치는 숨, 배꼽 아래 들고 나는 숨을 감각할 수 있습니다. 호흡에 집중하다가 그만 망상에 빠지면 다시 호흡에 집중합니다. 그리고 명상을 마친 후에 어떤 망상에 빠졌는지 돌아보고, 망상의 연결을 알아냅니다. 그러면서 나 자신을 알아갑니다. 내가 어떤 기억과 감정으로 지내왔는지를 알아가는 과정 자체가 자신을 돌보는 겁니다. 자동 반응에 빠져 있을 땐, 나 자신을 아는 게 아니고 모르는 상태로 그저 흘러갑니다. 명상을 하면 나 자신을 자세히 바라보고, 있는 그대로의 나를 알 수 있습니다. 그렇게 있는 그대로의 나를 바라보는 게 사랑이 아닐까 합니다.

    알아야 사랑할 수 있다고 생각합니다. 그런데 "알면 사랑한다"는 말이 생물학계에서 이미 유명한 말이라고 하더라고요. 정말 우리는 살면서 한 번쯤 '오, 이게 여기 있었어? 맨날 다니는데도 왜 몰랐지?' 할 때가 있지 않나요? 명상을 하면 관찰력, 주의력이 좋아지고, 지금 여기 대상을 알아보는 능력이 향상됩니다. 생물번개에서도 그렇습니다. 나무를 관찰하는 법, 새를 관찰하는 법, 곤충을 관찰하는 법을 배우고 나면 안 보이던 게 보이면서 관찰 능력이 생깁니다. 전에는 보지만 알아보지 못했던 나무와 새와 곤충의 면면을 발견하면 아주 기쁩니다. 정말이지 알아야 보이고, 알아야 사랑할 수 있다는 걸 몸소 깨닫습니다.

    바로 어제도 알아야 보이고, 볼수록 사랑하게 되는 경험을 했습니다. 맹아와 옹이를 아시나요? 어제 나무 생물번개가 있었습니다. 나무관찰자 선생님이 탐사하기 전, 간단한 '이론'을 설명했습니다. 나무는 스트레스를 받으면 그 흔적을 남기는데, 그 흔적이 나이테에 기록이 된다고 하더라고요. '어머, 어쩜 이렇게 나무나 인간이나 비슷할까?' 생각했습니다. 이어서 나무 조사를 하러 숲 안쪽으로 들어갔습니다. 2m 남짓 굴참나무를 함께 관찰하고 있는데, 선생님이 나무가 스트레스를 받으면 이렇게 맹아를 이루기도 한다고 말하는 겁니다. 큰 나무줄기 중간에 얇은 나뭇가지가 나 있었습니다. 그게 맹아라는 겁니다!

맹아는 나무의 생존 본능 같은 거라고 합니다. 나무는 해를 받지 못해서 성장이 힘들면 작은 가지를 만들어서 해를 더 받으려고 노력합니다. 그리고 맹아로 에너지를 얻어 다시 잘 성장하게 되면 이제 그 맹아를 떨굽니다. 맹아는 제 역할을 다 했으니까요. 그런데 그 맹아의 자리에는 흔적이 남습니다. 그게 바로 옹이입니다. 맹아와 옹이 설명을 듣는데, 정말 감동했습니다. 어떻게 이렇게나 사람과 닮았는지. 인간과 나무는 같은 자연이니까 닮을 법한데, 그전에는 몰랐고 이제는 알았습니다. 앞으로 큰 나무줄기에 난 잔가지를 보면 맹아라는 걸 알아보고, 응원하고, 나 자신을 대입해 보고, 사랑하는 마음이 일 것 같습니다.

생물번개를 마치고 서대문 주민이랑 같이 산을 타고 내려오는데, 이 프로그램이 너무 좋다면서 동네 공원 곳곳에서 이런 프로그램이 있으면 좋겠다고 하더라고요! 고마웠습니다. 서대문 주민 반응에 동감할 여러분이 더 많을 거라 생각합니다. 당신의 이야기도 궁금하네요. 앞으로 우리 서로 알아가요!

이립 – "알면 사랑한다"

지난해 불광동친구들 활동을 소개하기 위해 은평구에서 개최한 "마을공동체한마당"의 부스를 하나 맡아 운영했습니다. 불광동친구들 부스에는 어린이에서부터 노인까지 다양한 연령층이 찾아왔습니다. 불광동친구들은 참여자에게 주변에 떨어진 나뭇잎 중 마음에 드는 하나를 주워오라는 미션을 주었습니다. 그리고 그다음에는 주워온 나뭇잎을 확대경 '루페'로 자세히 관찰해보고, 어떤 나무의 잎인지 찾아보게 하는 마무리 미션을 주었습니다.

어린이 참여자와 어른 참여자의 반응이 달라서 재밌었습니다. 어른은 자세히 보라고 해도 대충 보는 경우가 많았습니다. 그런데 어린이 대부분은 나뭇잎을 관찰하며 나뭇잎 앞뒤 면의 빼곡한 털을 보고 놀라고, 잎 표면에 있는 숨구멍을 보며 놀라고, 나뭇잎에 생긴 작은 반점에 놀라워했습니다. 반응 하나하나가 살아있어서 재미있었던 기억이 납니다. 나무도 숨을 쉬고, 자신을 보호하기 위해 털을 가지고 있다는 걸 아는 기회가 되길 바랐습니다.

불광동친구들 활동을 하면서 동네에 새로운 인연도 생겼습니다. 구산동에 사는 사운드 작가 지연씨가 그런 인연입니다. 지난해 말, 지연씨가 불광동친구들 활동 기록을 공유하는 자리에 참석하지 못해 아쉽다며 인스타그램 메시지로 연락을 해왔습니다. 그렇게 메시지를 주고받다가 일명 '동네 뒷산을 좋아하는 사람들의 번개' 약속을 잡았습니다. 이번에는 지연씨가 좋아하는 동네 뒷산인 구산근린공원과 거북골근린공원에 가보았습니다. 먼 거리에 있는 공원이 아니었지만 불광근린공원과는 또 다른 새로운 풍경이었습니다.

얼마 전에는 지연씨가 불광동친구들의 새 탐사에 참여해서 새 소리를 녹음한 이야기를 들려주었습니다. 탐사가 끝나고 집에 돌아가 녹음한 새 소리를 들어보았는데, 동고비라는 작은 새가 물웅덩이 근처로 날아와 물을 마시고 똥을 싸는 순간이 녹음되어 있었다고 해요. 번개에 참여했던 사람들이 그 장면을 보고 신나서 탄성을 지르는 소리가 담겨 있어, 지연씨도 그 순간이 다시 생각났다고 했습니다. 그 이야기를 듣는데 저도 저절로 미소가 지어졌어요.

유명한 생물학자 에드워드 윌슨Edward Wilson은 『바이오필리아』에서 인간에게는 자연을 사랑하는 유전자가 프로그램화 되었다고 말했습니다. 유전자는 잘 모르지만, 누구나 자연을 알면 자연스럽게 사랑한다는 말은 정말 사실인 것 같습니다. 안다는 것은 사랑하는 것으로 이어진다는 생각이 듭니다. 그런 반면 알지 못하면 자연의 입장을 생각하지 못하고, 자연의 입장을 생각할 수 없으니 자연에 공감할 수 없습니다. 그리고 그런 상황이 바로 지금의 생태 위기를 만든 것이 아닐까 생각합니다.

지금까지 불광동친구들의 활동은 자연의 존재를 사랑하는 마음을 자꾸 발견하고, 나와 비슷한 감정을 느끼는 사람들의 마음을 발견하는 통로였습니다. 확대경으로 나뭇잎에 난 솜털을 보면서, 작은 새가 날아와 똥을 싸고 날아가는 모습을 보면서 '와!'하고 탄성을 지를 때, 그런 마음을 공유한 것 같아 좋았습니다. 앞으로도 우리가 살고 있는 곳에서 다양한 생물의 존재를 느끼고, 그 존재를 위한 자리를 남겨놓을 수 있는 많은 마음을 만나고 싶습니다.

불광동친구들 활동을 하면서 동네 구석구석 뒷산을 좋아하는 덕후들이 있다는 걸 알게 되었습니다. 불광동친구들 활동 전에는 알 수 없었지만 이런 활동을 하는 우리가 있으니까, 구석구석 비슷한 관심을 가진 사람이 말을 걸기도 하고, 그러면서 보이기 시작하는 것 같습니다. 혹시 지금 이걸 읽는 분 중에도 "동네 뒷산이나 공원을 좋아하는데 혼자서만 좋아하고 있었다"하는 분이 있을지 궁금합니다. 이 책이 그런 마음을 연결하는 시작이 되었으면 좋겠습니다.

불광근린공원 © 2021. 불광동친구들

불광동 친구들